국화 재배의 실제

대국

대국

2020년 4월 30일 **1쇄 인쇄**
2020년 5월 10일 **1쇄 발행**

편저자 · 고승태
펴낸이 · 남병덕
펴낸곳 · 전원문화사

주소 · 07689 서울시 강서구 화곡로 43가길 30. 2층
전화 · 02)6735-2100
팩스 · 02)6735-2103
등록일자 · 1999년 11월 16일
등록번호 · 제 1999-053호

ISBN 978-89-333-1153-0
© 2021, 고승태

국화 재배의 실제

대국

글 · 사진 **고승태**

🎟 **전원문화사**

권두언

    서울공고 요업과 재학시절(1973년), 방학 기간을 통해 만든 청자, 백자 작품을 전시한 국립공보관(당시 덕수궁 모퉁이)에서 작품 안내 중에 옆 전시실에 전시된 3간작의 대국을 처음 접했을 때의 첫 느낌은 신기함 그 자체였다.

    그로부터 다시 대국을 보게 된 것은 20여 년이 지난 일본에서였다. 나고야에서의 공부를 마치고 직장을 잡은 곳이 치바(千葉)였는데, 그곳 야치요시(八千代市) 국화회의 전시작품을 관람하고는 국화에 푹 빠지게 되었다. 복조작, 달마작, 3간작, 다간작 및 분재작 등을 접하고는 그 자리에서 야치요국화회에 가입을 하고 국화 재배를 공부하기 시작하였지만, 첫해 분양받은 묘가 소국 품종인지도 모르고 3간작으로 키워 초가을에 3송이의 작은 꽃을 피웠을 때는 실소를 금할 수 없었던 경험도 했다.

    얼마 지나지 않아 일본 대국 재배의 1인자라 할 수 있는 현 일본국화회 회장인 요시다다께오씨(吉田武雄)의 제자로 입문하여, 7여년간 대국 재배에 대해 깊이 있는 가르침을 받을 수 있었으며, 그 후 곡까엔(國華園) 전국대회에서 입상, 히비야(日比谷) 대회에서 준우승 및 각 지역대회에서 다수의 우승 등의 경력을 쌓아가면서도 끝을 측량할 수 없는 국화 재배기술에 더욱 매료될 수밖에 없었다.

근무처였던 일본 토요엔지니어링의 사내 원예부에도 가입하여 활동의 체계화, 주거 아파트 단지에 국화회 설립 등으로 지역사회의 활동까지 적극적으로 참여하다가, 귀국 후 동양대학교 교정에서의 10회에 걸친 국화전시회, 과천 서울랜드 장미관에서의 특별전시회, 수도권매립지공사 국화전시회 자문 및 특별전시회 등의 활동을 지속하며 국화 재배와의 인연을 계속 이어오면서 재배법 및 재배 경험에 의한 자료 정리와 사진을 촬영해왔다.

주변의 요구도 있고 해서 24년에 걸쳐 정리해온 자료를 바탕으로 대국 재배에 관한 책을 집필하여 출간하게 되었다. 바라건대, 이 책이 대국이 주는 웅대함과 아름다움을 더하는 데 도움이 되었으면 한다.

2021년 3월 영주 소백산 자락에서
花工學 博士 고승태

추천사

고승태 교수는 필자의 전공과 같은 화학공학을 공부하고, 세부 전공도 분리기술에 속하는 학문이었기 때문에 한국화학공학회 분리기술부문위원회에서 위원장으로서 함께 활동한 오랜 후배이다.

전통 도자기 제작, 인삼/산삼 역사, 전통견인 불개 보존 등 여러 면에서 자신의 시야를 넓히려고 부단히 노력하는 무척이나 자유 분망한 사람에 속하지만, 집념과 끈기 역시 녹녹하지 않다. 인삼(산삼)의 바이블이라고 할 수 있는 인삼사(人蔘史) 전 7권을 13년에 걸쳐 단심의 힘으로 출판 80여 년 만에 최초로 완역한 것만 봐도 짐작할 수 있다.

고 교수에게는 국화는 인삼 이상으로 각별하다. 본인 스스로가 국화의 계절이 다가오면 "저의 전공은 꽃 화의 花工學입니다"라고 소개하곤 했다. 그만큼 본인 스스로가 대국 재배를 즐겼던 것 같다. 일본에서 분리기술 관련 국제 컨퍼런스가 개최된 해, 귀국길에 당시 고교수가 살던 집을 방문한 적이 있다. 집 근처의 공터에 비닐하우스를 세우고 동네 주민들을 지도하며 온실 가득히 대국을 키우며 즐기던 모습이 떠오른다.

그후, 다시 고교수가 키운 대국을 보게 된 것은 동양대학교에서였다. 1987년에 귀국하여 동양대학교에 둥지를 틀고, 그다음 해에 원예부를 창설하여 대형 비닐하우스를 세우고 대국을 키워 개최한 1회 동양국화대전을 통해 고교수의 작품을 제대로 접하게 된 것이다. 그 느낌은 말로 표현하기 어렵다. 어른 머리보다 큰 대국은 국화로 느껴지지 않을 정도였다. 이렇게 시작한 전시회는 예산이 중단된 10회까지 한해도 빼지 않고 이어졌으며, 평판도 날로 높아져 고 이의근 경북도지사까지 관람하였다고 한다. 이러한 평판에 힘입어 과천 서울랜드의 초청으로 서울랜드 장미관에서 한 달에 걸친 대국전시회도 개최하였다. 동양국화대전이 중단된 후, 고교수가 가지고 있던 대국에 대한 정열은 인천에서 열린 아시안게임 부대 행사로 개최된 드림랜드 국화대전으로 이어졌다. 아시아인을 대상으로 한 드림랜드 국화대전 개최를 위한 대국 재배 자문으로 초청받고 매주 수도권매립지공사 국화 재배 온실을 방문하여 지도를 하고, 때론 밤을 지새우며 작업을 하여 아시안 게임에 맞추어 성공적 개최에 일익을 다하였으며, 그 이후에도 드림랜드 국화대전 개최를 위한 대국 재배 자문을 여러 해 계속하며 대국에 대한 자세를 흐뜨리지 않았다 한다.

고 교수의 대국 재배 책자 출간은 뜻밖이 아닌 기다리고 있던 소식이다. 무척 오랜 기간 준비해 온 출판으로 알고 있다. 33여 년간 대국을 재배하면서 대국 재배 교재 출간을 위해 경험을 정리하고, 사진 촬영을 하며 또 참고 서적을 열람하고, 동호인과 논의도 하면서 기어코 완성한 "대국 재배"는 대국 재배 동호인들에게 많은 실질적 도움을 주어 우리나라 대국 문화를 한 단계 높일 것을 믿어 조금도 의심치 않으며, 대국 재배로 그치지 않고 분재국과 현애국 재배책 출판도 이어지기를 바라는 바이다.

아무쪼록 독자들이 이 책을 통하여 대국 재배에 대한 지식을 얻는 데 그치지 않고, 자연 순리에 대한 사랑, 국화 문화 창달에 대한 사랑, 대국에 대한 사랑으로 이어지기를 바라면서 추천의 글로 대신하고자 한다.

키스트 연못가에 앉아
공학박사 최대기 삼가 씀

목차

국화의 역사

국화의 원산지는 중국 황하(黃河) 유역으로, 지금부터 약 3,000년 전인 주(周)나라 때에는 이미 재배되고 있었다고 한다.

조선 시대 화가와 서예가로 유명한 강희안(姜希顏)이 쓴 농서(農書)이면서 원예서(園藝書)인 양화소록(養花小錄)[1]에는 고려 충숙왕(忠肅王) 때 원나라로부터 오홍(烏紅)·연경(燕京)·황백(黃白)·규심(閨深)·금은(錦銀)·양홍(兩紅)·학정홍(鶴頂紅)·소설백(笑雪白) 등 여러 품종의 국화가 다른 화목(花木)과 함께 도입된 것으로 나온다.

또한, 중국 송(宋)나라 때의 국화 재배 대가(大家)인 유몽(劉蒙)은 자신의 저서 국보(菊譜)에 국화 35품종의 형상, 색상 및 산지(産地)를 기재하였는데, 두 번째로 기재한 품종이 신라(新羅)란 품종으로, 신라(新羅)는 옥매(玉梅) 또는 왜국(倭菊)으로도 불린다. 산지(産地)는 해외라고 하는데, 송(宋)에서는 9월 말에 핀다[2]라고 기재하였다. 해외 산이라는 언급과 신라라는 품종 이름으로 이 품종이 신라에서 유입된 것 같이 기술하였다.

---

1 吾東方名花俱非本國所産前朝, 忠肅王入侍帝廷尙公主有寵及東還天下韻芳珍草帝皆賜賚今之烏紅, 燕京, 黃白, 閨深, 錦銀兩紅, 鶴頂紅, 笑雪白……皆當時來者 손양화소록(養花小錄), 강희안 저, 이병훈 역, 을유문화사, 1973

2 新羅第二 新羅, 一名玉梅, 一名倭菊, 或雲出海外, 國中開以九月末

에도(江戸)시대 중기에 테라지마료안(寺島良安)이 편집한 일본 백과사전인 와칸산사이즈에(和漢三才圖會)[3]에는 385년에 백제에서 청·황·홍·백·흑 등의 다섯 가지 색상의 국화가 일본으로 전해졌다는 내용이 나온다.

고려사(高麗史)에는 고려 의종(毅宗) 14년(1160년) 9월, 왕이 후원에 술자리를 만들고 국화를 감상했다는 기록[4]이 나온다. 이를 보아 우리나라에서도 삼국시대 또는 그 이전부터 국화 재배가 이루어지고 있었으며, 중국 및 일본과 국화 품종 교류를 했다는 것을 알 수 있다.

재배종 국화는 야생종 국화와는 다르며, 그 기원에 대해서는 여러 설이 있다. 국화과 식물연구의 일인자라 불리는 키타무라시로(北村四郎) 박사는 지금부터 약 1,500년 전인 당(唐) 시대 또는 그 조금 이전에 조선반도에 분포해 있는 구절초(C.zawadskii var.latilobum Kitam.)[5]와 중국 남부에 분포해 있는 감국(C.indicum L.)의 두 종이 함께 분포하고 있던 중국 남부에서 자연 교배하여 태어난 것이라 하였다[6]. 중국 남부가 어느 지역을 말하는지는 명확하지 않지만, 재배종 국화의 원종과 원산지는 우리나라도 깊이 관계된 것임을 알 수 있다.

---

3 仁德天皇七十三年始渡異朝青黃赤白黑菊種也, 異朝者百濟國也.
4 置酒後苑賞菊, 高麗史, 卷11권, 金宗瑞 編著 ; 朝鮮史編修會 編, 朝鮮總督府, 1938
5 일본어로는 チョウセンノギク(朝鮮菊)이라 나온다.
6 万有百科大事典 〈19〉 植物, 160, 1972, 小学館, 일본

국화 개론(槪論)

국화(菊花)는 다년생 식물로 둥근 모양을 하고 있어 구화(球花)라고도 한다. 첫 잎은 대칭으로 나오나 그다음부터는 잎은 어긋나고 깃꼴로 갈라진다. 줄기 밑 부분은 목질화하며, 꽃은 두상화로 줄기 끝에 피는데 가운데는 관상화, 주변부는 설상화이다. 설상화는 암술만 가진 단성화이고, 관상화는 암·수술을 모두 가진 양성화이다.

국화 품종에 대해서는 유몽(劉蒙)의 국보(菊譜)에는 35종, 양화소록(養花小錄)에는 20종, 화암수록(花菴隨錄)에는 황·백·홍·자 등 모두 154종이 있다고 기재되어 있다. 재배종 국화는 1700년대에 들어가면서 다양한 품종이 개발되기 시작하며, 오늘날에 이르러서는 약 2,000종 이상으로 늘어났다.

국화의 별명으로는 절화(節華)·여절(女節)·여화(女華)·여경(女莖)·음성(陰成) 등 여성에 비유한 것들이 많으며, 황화(黃花)·황예(黃蘂)라고도 불러 꽃의 황제를 뜻하기도 하였다.

그밖에도 상징성이나 시제(詩題)와 관련하여 은군자(隱君子)·은일화(隱逸花)·오상(傲霜)·상하걸(霜下傑)·연년(延年)·수객(壽客)·가우(佳友)·일우(逸友)·상파(霜葩) 등으로도 불린다.

국화의 분류에 있어 꽃이 피는 시기에 따라 동국(冬菊), 춘국(春菊), 하국(夏菊) 그리고 추국(秋菊)으로 나누기도 하지만, 꽃의 크기에 따라 소국(小菊), 중국(中菊), 대국(大菊)으로 나누는 것이 일반적이다. 대국을 비롯한 추국(秋菊)은 낮의 길이가 짧아지면 꽃봉오리를 만드는 단일성 식물이므로 가을이 되면 향기를 동반한 아름다운 꽃을 피운다.

소국 : 꽃의 지름이 9cm 미만의 국화
중국 : 꽃의 지름이 9cm 이상에서 18cm 미만의 국화
대국 : 꽃의 지름이 18cm 이상의 국화로, 대국은 후국, 후주국, 관국, 대괵국(大摑菊) 및 광판국(廣板菊) 등으로 나누며, 20,000 이상의 품종이 있다.

들국화란 말은 재배종이 아닌 구절초·개미취·개쑥부쟁이 등과 같이 산야(山野)에 피는 야생종 국화를 통틀어 부르는 말이다. 용도별로는 화단이나 화분 식재, 절화 등의 관상용과 음식이나 차(茶)에 사용하는 식용으로 나눈다.

스프레이 국화는 1940년대에 미국에서 만들어져 제2차 세계대전 후 유럽으로 보급된 후 1974년 네덜란드에서 아시아로 전해진 국화로, 하나의 줄기에 한 송이의 꽃을 피우는 대국이나 중국과는 달리 재배 중에 꽃봉오리를 제거하지 않고 한 줄기에서 꽃을 스프레이 모양으로 많이 피우는 것에서 붙여진 이름으로, 핑크나 오렌지의 파스텔 색상 등 아시아 국화와는 다른 컬러풀한 이미지와 여러 모양의 꽃 모양이 캐주얼 플라워로서 인기를 끄는 종류이다.

또한, 국화는 중국 최초의 약물 서적인 신농본초경(神農本草經)에서 상약(上藥)을 기술한 초부(草部)에 석청포, 인삼과 등과 함께 들어있는데, 수명을 늘려 장생(長生)토록 하는 약초라고 기술된 관계로, 예부터 술(酒)이나 차(茶)를 만드는 원료로도 이용되어왔다.

제 1 장

대국(大菊)의 종류와
인기 품종

대국(大菊)의 종류와 인기 품종

대국의 종류에는 후국(厚菊), 후주국(厚走菊), 관국(管菊), 대괵국(大摑菊), 광판국(廣瓜菊) 등이 있으며, 종류마다 인기 품종인 명화(名花) 있다.

과거에서 현재에 이르기까지 명화로 이름을 남기고 있는 대국의 품종은 뒤 페이지 표에 나타내었다. 대국 명화는 서로 다른 장점이 있는 대국 품종 간의 인공 수정으로 만들어진다. 장점이란 꽃 색상, 꽃잎 크기, 꽃잎 수, 개화 시기 등을 들 수 있다. 인공 수정을 통해 맺은 씨앗을 파종하고, 그중에서 좋은 개체를 선발한 후, 4~5년간의 안정화를 통하여 하나의 신품종이 만들어진다. 정흥우근(精興右近)처럼 노지(露地)에서 자연적으로 수정되어 태어난 명화도 있다.

대국 명화

<table>
<tr><th colspan="5">후국 계통</th><th colspan="5">관국 계통</th></tr>
<tr><th>품종</th><th>계통</th><th>꽃색</th><th>성장</th><th>개화</th><th>품종</th><th>계통</th><th>꽃색</th><th>성장</th><th>개화</th></tr>
<tr><td>겸육白菊</td><td>후국</td><td>백</td><td>중간</td><td>중간</td><td>안의 楊貴妃</td><td>중관</td><td>적</td><td>중간</td><td>중간</td></tr>
<tr><td>겸육香菊</td><td>후국</td><td>적</td><td>중간</td><td>중간</td><td>천향劍心</td><td>태관</td><td>백</td><td>중간</td><td>중간</td></tr>
<tr><td>국화創雲</td><td>후국</td><td>백</td><td>중간</td><td>빠름</td><td>국화白百合</td><td>세관</td><td>백</td><td>단간</td><td>빠름</td></tr>
<tr><td>국화築前</td><td>후국</td><td>황</td><td>장간</td><td>중간</td><td>천향八十波</td><td>태관</td><td>백</td><td>단간</td><td>빠름</td></tr>
<tr><td>정흥大臣</td><td>후국</td><td>황</td><td>단간</td><td>중간</td><td>천향大和路</td><td>태관</td><td>적</td><td>단간</td><td>빠름</td></tr>
<tr><td>국화玄武</td><td>후국</td><td>황</td><td>초장간</td><td>중간</td><td>국화赤龍</td><td>태관</td><td>적</td><td>중간</td><td>빠름</td></tr>
<tr><td>국화橫網</td><td>후국</td><td>백</td><td>초장간</td><td>중간</td><td>국화花百合</td><td>세관</td><td>핑크</td><td>단간</td><td>빠름</td></tr>
<tr><td>국화光明</td><td>후국</td><td>백</td><td>초장간</td><td>빠름</td><td>천향長江</td><td>태관</td><td>백</td><td>단간</td><td>중간</td></tr>
<tr><td>국화吉兆</td><td>후국</td><td>황</td><td>장간</td><td>빠름</td><td>청견 霞</td><td>중관</td><td>백</td><td>중간</td><td>빠름</td></tr>
<tr><td>정흥右近</td><td>후국</td><td>황</td><td>장간</td><td>중간</td><td>국화慕情</td><td>태관</td><td>적은</td><td>중간</td><td>빠름</td></tr>
<tr><td>국화幸</td><td>후주</td><td>적</td><td>중간</td><td>빠름</td><td>국화狹霧</td><td>세관</td><td>백</td><td>중간</td><td>빠름</td></tr>
<tr><td>국화由季</td><td>후주</td><td>핑크</td><td>중간</td><td>빠름</td><td>안의 무지개</td><td>중관</td><td>핑크</td><td>중간</td><td>빠름</td></tr>
<tr><td>국화國寶</td><td>후국</td><td>백</td><td>중간</td><td>중간</td><td>천향誓詞</td><td>태관</td><td>백</td><td>중간</td><td>빠름</td></tr>
<tr><td>국화越山</td><td>후국</td><td>백</td><td>중간</td><td>중간</td><td>천향紫水</td><td>태관</td><td>적</td><td>중간</td><td>중간</td></tr>
<tr><td>국화金山</td><td>후국</td><td>황</td><td>중간</td><td>중간</td><td>천향竹生島</td><td>중관</td><td>핑크</td><td>중간</td><td>중간</td></tr>
<tr><td>국화晴舞台</td><td>후국</td><td>적</td><td>장간</td><td>중간</td><td>천향漫遊</td><td>중관</td><td>적은</td><td>중간</td><td>중간</td></tr>
<tr><td>국화萬舞</td><td>후주</td><td>백</td><td>중간</td><td>중간</td><td>천향紅姿</td><td>태관</td><td>적</td><td>중간</td><td>빠름</td></tr>
<tr><td>부사의 新雪</td><td>후국</td><td>백</td><td>장간</td><td>중간</td><td>안의 六歌</td><td>중관</td><td>적</td><td>중간</td><td>중간</td></tr>
<tr><td>국화城山</td><td>후국</td><td>백</td><td>장간</td><td>빠름</td><td>천향情熱</td><td>태관</td><td>적</td><td>중간</td><td>중간</td></tr>
<tr><td>국화船星</td><td>후국</td><td>황</td><td>장간</td><td>빠름</td><td>천향富水</td><td>중관</td><td>황</td><td>단간</td><td>중간</td></tr>
<tr><td>국화尊格</td><td>후주</td><td>백</td><td>중간</td><td>중간</td><td>천녀名所</td><td>세관</td><td>황</td><td>중간</td><td>빠름</td></tr>
<tr><td>玉光園</td><td>광판</td><td>적</td><td>중간</td><td>빠름</td><td>천녀 舞</td><td>태관</td><td>핑크</td><td>중간</td><td>중간</td></tr>
<tr><td>신옥광원</td><td>광판</td><td>비단</td><td>중간</td><td>빠름</td><td>국화山川</td><td>세관</td><td>백</td><td>중간</td><td>중간</td></tr>
<tr><td>부산의雲</td><td>대괵</td><td>백</td><td>장간</td><td>중간</td><td>천향天龍</td><td>세관</td><td>백</td><td>중간</td><td>빠름</td></tr>
<tr><td>斗南의 月</td><td>대괵</td><td>황</td><td>중간</td><td>늦음</td><td>천향笹竹</td><td>태관</td><td>분</td><td>중간</td><td>빠름</td></tr>
</table>

후국(厚菊)

정흥우근(精興右近)

수백 개의 꽃잎이 비늘 형상이 되어 맨 위 정점을 향해서 높게 쌓여 가지런히 정돈되면서 피어 둥근 공 모양의 형상을 이루는 품종으로 가장 많은 품종이 여기에 속한다.

겸육향국(兼六香菊)

국화금산(國華金山)

국화전설(國華傳說)

일비곡망(日比谷望)

부사신설(富士新雪)

국화만무(國華萬舞)

후주국(厚走菊)

일비곡은(日比谷錦)

후국(厚菊)의 모습을 하고 있으나, 가장 밑에 있는 관(管) 형태의 바닥 꽃잎이 위로 감아 올라가지 않고 옆으로 힘차게 뻗어 나오며 피는 품종을 말한다. 품종에 따라서는 재배환경에 따라 바닥 꽃잎이 후국과 후주국의 중간 형태로 피기도 하여 재배자의 판단에 따라 후국, 후주국을 결정할 때도 있다.

국화유계(國華由季)

국화주포(國華主砲)

국화행(國華幸)

관국(管菊)

실 국화로 불리는 품종으로 꽃잎을 잘라보면 가운데가 관(管)과 같은
형상의 꽃잎이 곧게 뻗으며 핀다. 관 모양의 꽃잎 끝부분이 둥글게 감긴
모습을 하고 있으며, 꽃잎의 굵기에 따라 다시 몇 종류로 나누어진다.

채호왕희(彩胡王姬)

세관국(細管菊)

관국 중에서 꽃잎의 지름이 가장 가는 품종으로, 꽃잎 전체 길이의 1/2 위치에서의 지름이 1.7mm 미만인 품종을 말한다. 필요에 따라 세관국을 다시 세관국보다 가는 침관국(針管菊)으로 나누기도 하는데, 꽃잎이 바늘처럼 가늘어서 붙여진 이름이다.

천녀명소(天女名所)

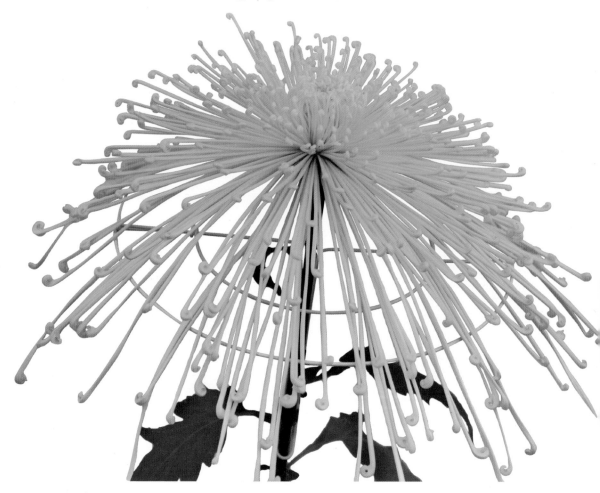

성광도희(聖光桃姬)

성광접희(聖光蝶姬)

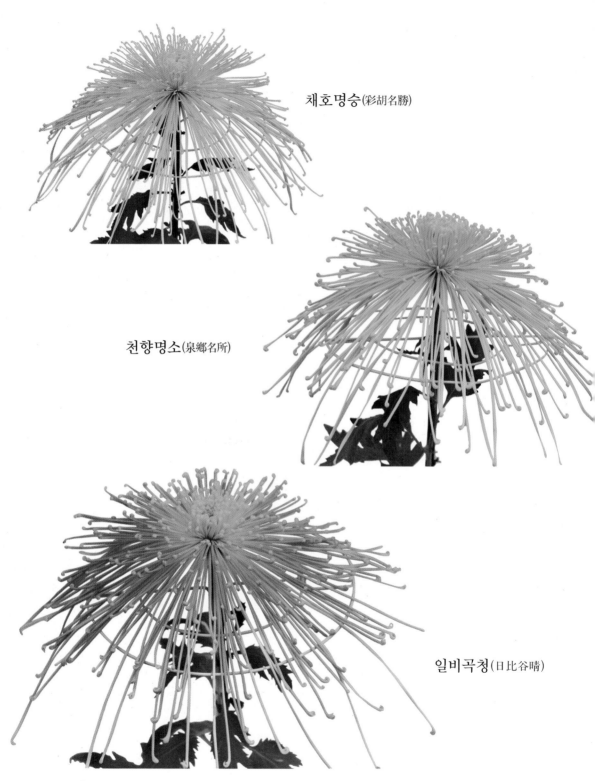

채호명승(彩胡名勝)

천향명소(泉鄕名所)

일비곡청(日比谷晴)

옥수화사(玉穗花糸)

천향비운(泉鄕飛雲)

중관국(中管菊)

　꽃잎의 지름이 태관국(太管菊)과 세관국(細管菊)의 중간에 해당하는 품종
으로 간관국(間管菊)이라고도 부르는데, 꽃잎 전체 길이의 1/2 위치에서
의 지름이 1.7~2.5mm인 품종이 여기에 속한다.

천향채(泉鄕彩)

상모추행(相模秋幸)

옥수화편(玉穗花便)

채호우미(彩胡優美)

천향광화(泉鄕光華)

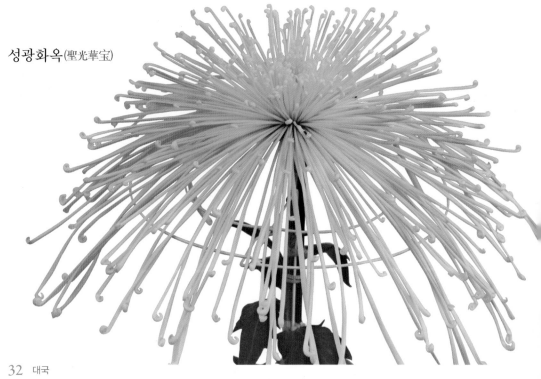

성광화옥(聖光華宝)

태관국(太管菊)

태관(太管)은 관국 중에서 꽃잎이 가장 굵은 것으로, 꽃잎 전체 길이의 1/2 위치에서의 지름이 2.5mm 이상인 품종을 말한다. 때론 태관인지 후주국인지 구별이 어려운 품종도 있다.

뢰호유계(瀨戶流溪)

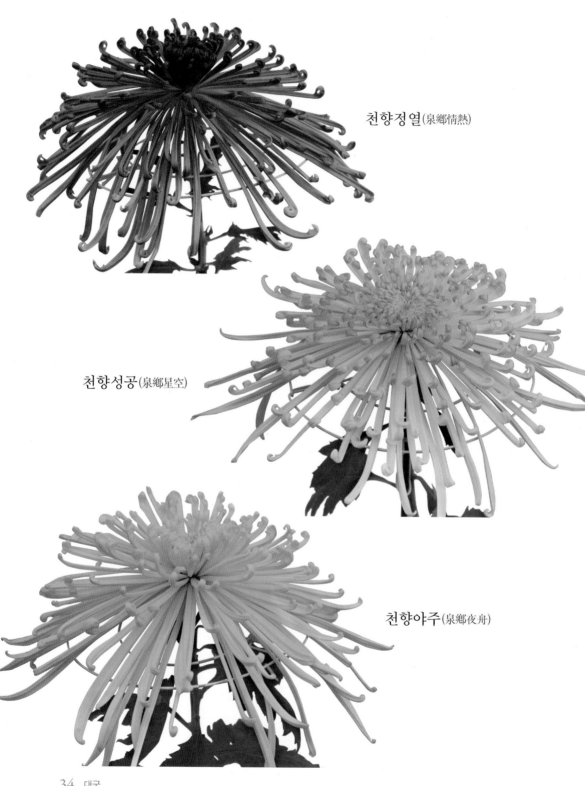

천향정열(泉鄕情熱)

천향성공(泉鄕星空)

천향야주(泉鄕夜舟)

국화의 특이 품종

광판국(廣瓣菊)

일문자(一文字)라고도 부르는데, 18개 전후의 넓은 꽃잎이 옆으로 붙어서 핀다. 전시할 때는 이 중에서 짧거나 모양이 안 좋은 꽃잎을 제거하여 15잎 전후로 정리하고, 각 꽃잎에 조그마한 솜뭉치를 가득 넣어 보기 좋게 잡은 형태를 굳힌 다음에 전시한다.

안의 신세계

신옥광원(新玉光院)

옥광원(玉光院)

북극광(北極光)

대괴국(大摑菊)

　꽃의 상부는 꽃잎을 두 손으로 움켜잡았다가 놓은 것 같은 모양으로 피며, 꽃의 하부에는 관 모양의 굵은 바닥 꽃잎이 밑으로 힘있게 늘어진 모양으로 피는 품종이다.

　대괴국은 국화가 개화함에 따라 재배자가 형태를 결정하여 부드러운 끈으로 묶어서 형태를 잡아간다.

당산(當山)의 운(雲)

두남(斗南)의 월(月)

제2장

대국 재배
기초 지식

대국 재배의 3대 포인트

대국 재배의 큰 즐거움은 하루하루 성장해가는 것을 지켜보면서 즐길 수 있는 마음의 여유와 손질할 때 가질 수 있는 집중력 및 순하게 잘 부풀어 오른 거대한 꽃을 볼 수 있을 때의 성취감이 아닌가 한다.

1. 국화 품종이 갖는 성장 형상에 맞게 키운다

잘 피운 대국 꽃은 누가 보아도 예쁘게 보일 수밖에 없다. 그런 예쁜 꽃을 피우기 위해서는 각 품종이 지니는 특성이 최대한 발휘될 수 있도록 키우는 것이 무엇보다도 중요하다. 국화를 오래 키워본 사람들은 대부분 알고 있는 것이지만, 후국(厚菊) 계통의 품종은 잎 중에서 9월 중순쯤에 벌어지는 잎을 가장 크게 키우면 신기할 정도로 거대한 꽃을 피울 수 있다. 관국(管菊)은 8월 말에 벌어지는 잎을 가장 크게 키우고, 그 이후에 벌어지는 잎은 점차 작게 키우면 대부분 수려하면서도 큰 꽃을 피우게 된다. 이러한 성장 형상은 비료를 주는 시기 및 시비량과 밀접한 관계가 있다.

즉 후국의 경우, 9월 중순 이후의 잎을 작게 키우라는 것은 9월 중순 이후에는 화분 안의 배양토에 국화 뿌리가 흡수할 비료 성분의 양을 적

품종별 최적 성장 형태

잎 크기
최대 위치

잎 크기
최대 위치

▲ 관물   ▲ 후국 · 후주국

게 하라는 것과 같은 맥락이다. 다시 말해 9월 15일 이후의 배양토에 비료 성분을 적게 하려면, 1회 시비한 건조비료의 지속성을 20일로 보았을 때, 마지막 시비를 8월 25일 이전에 하라는 것과 같은 말이다. 같은 배경으로 세관은 8월 10일경이 마지막 시비(종비) 시기가 되며, 중관, 태관의 종비는 조금 더 늦추어지고 양도 조금 더 많아져야 한다.

결국, 대국 재배의 포인트는 품종에 맞는 이상적인 잎 형상의 배열을 하도록 시비(施肥) 시기의 조절과 품종에 맞는 비료량의 시비로 영양 부족은 물론 영양 과다를 막는 것이라 해도 과언은 아니다. 관국의 시비량은 후국 계통의 30~50%가 적당하다.

2. 묘목의 줄기가 굳기 전에 키운다

뿌리를 내린 어린 국화 묘를 배양토로 이식하지 않고 영양분이 없는

삽수 용토 상자에 그냥 자라게 하면 묘의 줄기가 단단해져 버린다. 일단 줄기가 단단하게 굳은 묘는 화분의 배양토에 심어 비료를 주며 관리하여도 올바른 성장을 기대하기 어렵다. 어린아이도 뼈가 굳어버리면 성장이 어렵다는 것과 같은 맥락이다. 대국 재배의 중요한 포인트는 삽순을 받을 어미 국화를 튼튼하게 키워서, 그 어미 국화에서 굵고 튼튼한 옆 가지를 받아서 삽수하는 것부터 시작하여, 세력이 좋은 튼튼한 가지 끝을 삽수하여 짧은 시간에 뿌리를 내리게 하고 적당한 길이로 뿌리가 내렸을 때, 바로 비옥한 배양토가 담긴 화분으로 옮겨 심어 성장을 가속하는 것이 기본적인 방법으로, 양질의 국화꽃을 피우는 비결이기도 하다.

3. 보수성, 배수성 및 통기성을 만족시키는 배양토를 만든다

국화는 초성(草性) 식물 중에서는 대형에 속하고 생장도 왕성하므로, 항상 수분이 충분하여 국화가 성장에 필요한 영양분을 녹여서 뿌리로 흡수하게 하지 않으면 만족할만한 생장을 기대할 수 없다. 그 기대를 만족시키기 위해 배양토는 충분한 수분과 영양분을 항상 지니고 있어야 한다. 그러나 국화 뿌리는 호기성(好氣性)이므로 과다한 수분과 통기성이 부족한 환경에서는 아주 약하고 뿌리가 썩기 쉬우므로 배수성(排水性)과 통기성(通氣性)도 국화 배양토가 지녀야 할 필수 조건에 포함된다. 보수성, 배수성 및 통기성 모두를 만족시키는 배양토를 자연에서 얻는 것은 어려우므로 부엽토와 그 외의 재료를 조합하여 위의 3가지 조건을 만족시키는 배양토를 만들어야 하는데, 이것도 재배 환경과 재배자의 관리법에 따라 미묘한 차이가 있으므로 경험을 쌓아가면서 본인의 재배 환경과 관리법에 적합한 배양토를 만드는 것이 국화 재배의 주요 포인트이다.

국화재배용 화분

국화 뿌리는 다른 화초(花草)보다 특히 호기성(好氣性)이므로 재배에 사용하는 화분은 통기성이 있는 토기(土器) 화분이 적합하지만, 가격이 비싸고 구입하기 어려워 통기성은 떨어지지만 구하기 쉽고 가벼운 플라스틱 화분을 많이 사용하는데, 토기 화분보다는 잔뿌리의 발육이 떨어진다.

국화전용 화분을 준비하지 못한 경우에는 화분 높이와 화분 지름이 거의 비슷하며, 화분 윗지름과 밑지름이 비슷한 화분을 고르는 것이 좋다. 그것은 화분이 깊을수록 통기성이 나빠지기 때문이며, 아래위의 지름 차이가 작을수록 통기성이 좋아지고 안정성이 커지기 때문이다.

화분 크기의 선택

대국 재배의 경우, 5호 화분에 가식(假植)한 묘(苗)가 생장하여 뿌리가 화분에 꽉 차게 되면 더 큰 7호나 8호, 9호 또는 10호 화분에 정식(定植)을 해주어야 하므로, 복조 재배를 제외하고는 여러 크기의 화분을 준비해야 한다.

재배자에 따라서는 첫째 가식을 3.5호에 하였다가 두 번째 가식을 5호에 한 다음 큰 화분에 정식(定植)하는 경우도 있다.

화분 선택

용 도	화분 호수
가식	5호
복조작	5호
달마작	7호
관국 3간작	8호
후국 3간작	9호
관국 7간작	9호
후국 7간작	10호

▼ 용도에 맞는 화분 선택이 중요하다.

화분의 소독

한번 사용한 화분은 깨끗하게 씻은 다음 햇볕에 말려서 사용하는 것이 좋다. 토양살균제를 희석한 물로 씻는 것도 효과적인 방법이다. 이때는 피부에 약해(藥害)가 있으므로 반드시 고무장갑을 착용해야 한다.

▲ 사용한 화분은 깨끗이 씻어서 사용한다.

③

도구

국화 재배는 여러 가지 도구를 사용하게 되는데 필요할 때 작업을 멈추고 사방을 돌아다니며 구하는 것보다, 사전에 하나씩 준비해 두고 필요할 때 바로 사용할 수 있도록 해놓는 것이 바람직하다. 특히 직접 손으로 만들어야 하는 도구는 여유가 많은 겨울철에 만들어 두는 것이 좋다.

필요한 도구나 준비물에는 분무기, 체, 모종삽, 삽, 커터, 물 조리개, 원예용 가위, 지주, 꽃받침, 유인용 알루미늄선, 롱로이즈, 목공용 접착제, 접목 테이프, 매직펜, 이름 라벨, 인바인더, 화분 바닥망, 각목, 꽃 목/꽃받침 묶는 끈, 나무젓가락 등이 있다.

• 분무기 : 국화 재배에 있어 분무기는 성장억제제(B-9)의 살포, 성장촉진제(지베르린)의 살포, 살균 및 살충제의 살포, 옆면 시비 등에 자주 사용하는 도구이므로 소형, 중형, 대형 등 용도에 맞도록 몇 가지를 준비해 둔다.

▲ 용도에 따라 사용할 수 있도록 여러 용량의 분무기를 준비

• 체 : 삽수 용토 준비 때 굵은 돌의 제거나 배양토 혼합 때 통기성을 떨어뜨리는 가는 가루 등을 제거하는 데 사용한다. 재배하려는 화분 수가 많은 경우에는 적당한 메시(mesh)의 철망을 사서 직접 제작하는 것이 효과적이다.

▲ 체는 대형, 소형으로 준비해 두는 것이 좋다.

• 삽 : 묘의 가식 및 정식, 가을철 배양토의 증토(增土), 배양토 재료를 혼합 등에 사용하는 삽은 용도에 따라 2~3가지 크기로 준비하면 된다. 특히 배양토를 화분에 넣을 때 사용하는 미니 삽은 바닥이 평편한 것이 사용하기 좋은데, 1.8 리터 사각 페트병을 잘라서 간단히 만들 수 있다.

▲ 용도에 맞게 여러 종류의 삽을 준비한다.

• 물뿌리개 : 묘의 가식(假植), 정식 후의 물주기나 액체 비료의 시비 등에 사용한다. 조리개 끝이 가늘고 긴 것이 물주기가 편리하고 물의 양을 조절하기도 쉽다.

▲ 화분 수가 많을 때는 수도에 호수를 연결하는 것이 편리하다.

• 커터 : 삽순을 삽수 상자에 꽂기 전에 순의 단면을 깨끗하게 자르거나, 가식 때 지주로 꽂는 나무젓가락 끝을 뾰족하게 자를 때 사용한다.

• 원예용 가위 : 옆 순 제거, 꽃봉오리 정리, 가지의 제거 등에 사용한다. 옆 순 정리는 끝이 뾰족한 가위가 작업하기 편리하다.

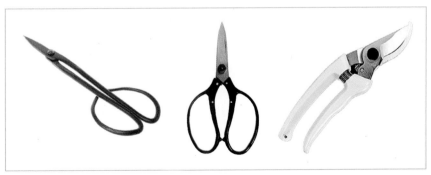

▲ 옆 순 제거, 꽃봉오리 제거, 주간 제거 등 용도에 맞게 준비한다.

• 지주 : 국화 가지가 성장함에 따라서 가
  지를 묶어서 휘거나 부러지지 않게 잡아
  주는 지주가 필요한데, 가능하면 녹슬지
  않으면서 국화의 성장에 따라 길이가 조

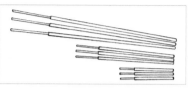

▲ 위로부터 3간작용, 달마용, 복조용 지주

정되는 알루미늄으로 만든 지주가 사용하기 편리하며 오래 사용할 수 있다.
3간작, 달마, 복조용에 맞도록 길이와 굵기가 알맞은 것으로 준비한다.

• 인바인더 : 3간작 3개 지주를 서로 연결
  해서 기울기와 간격을 조절하는 데 사용
  한다. 인바인더는 길이를 조절할 수 있
  어야 한다.

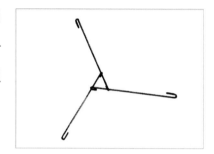

▲ 2~2.5mm 철선으로 길이가
  조절되도록 만든다.

• 알루미늄선 : 3간작과 7간작 재배 때 적심 후에 나온 가지를 지주 쪽으로 완
  만하게 유인할 때 사용하며, 분재작의 경우에도 굵은 가지의 유인에 사용한
  다. 1.5~2.0mm 지름의 알루미늄선이 적당하다.

▲ 유인용 알루미늄선

• **화분 바닥망** : 화분 바닥 중앙에 있는 배수 구멍 위에 놓아 배양토가 빠져나가는 것을 방지하거나 외부로부터 해충이 들어오는 것을 막는다.

▲ 바닥망은 적당한 크기로 잘라서 사용한다.

• **꽃받침** : 개화하는 꽃잎을 받쳐줘서 맨 아래 꽃잎이 밑으로 쳐지지 않게 하고, 꽃 전체 모양이 흐트러지지 않도록 해준다. 후국(厚菊), 후주물(厚走物), 관국(管菊)에 따라 꽃의 지름이 다르므로 꽃받침의 지름도 달라야 하는데, 후국은 지름 9~12cm, 후주국은 12~15cm, 관국은 15~18cm가 적당하다.

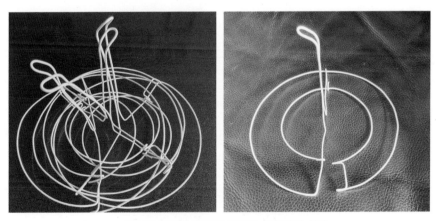

▲ 후크식 걸이가 있으면 지주에 부착하기 쉽다.

• **라벨** : 국화는 품종에 따라 재배 방법이 다르므로 재배하는 국화의 품종을 적은 이름표를 반드시 화분에 꽂아 놓아야 한다. 품종에 따라 삽수 시기, 시비량, 개화 시기, 꽃 색깔, 꽃 크기 등이 다 다르므로 품종의 특성에 맞게 키우

는 것이 중요하다. 이름을 모르는 품종은 재배 특성을 알 수 없어 재배하기가 대단히 어려워지므로, 이름을 적은 라벨을 화분에 꽂아 품종 관리해야 한다. 나무 라벨은 시간이 지나면 썩어 버리므로 플라스틱 라벨이 편리하며, 물에 지워지지 않는 매직펜으로 기재하는 것이 좋다.

▲ 유성펜으로 기재하여도 표면이 코팅된 라벨은 이름이 지워질 수 있으므로 거친 라벨이 좋다.

• 비닐 테이프 : 가지를 굽힐 때, 가지가 부러지거나 갈라지지 않도록 알루미늄선과 가지를 함께 묶는 데 사용한다. 또한, 성장하는 국화 줄기를 지주에 임시로 묶을 때 사용하며, 전시회 출품 때 최종적으로 지주와 국

▲ 비닐 테이프

화 줄기를 묶는 데도 사용한다. 임시로 묶을 때는 접목용 테이프로 묶어주면 국화 줄기가 굵어져도 테이프가 줄기를 파고들지 않는다.

• 목공용 접착제 : 3간작이나 7간작의 가지를 지주 쪽으로 유인할 때 가지가 찢어지거나 부러져 금이 가는 경우가 적지 않다. 이때 목공용 접착제를 칠해서 대기가 들어가지 않게 막아주면 찢어지거나 부러진 부분이 회생한다.

④

배양토

"국화 재배의 비결은 배양토에 있다"라고 할 정도로 국화를 키우는 데 있어서는 적합한 배양토를 준비하는 것이 아주 중요하다. 양분을 흡수하는 뿌리의 발육상태가 국화의 성장 상태를 좌우하기 마련인데, 이 뿌리의 발육상태를 좌우하는 것이 배양토이기 때문이다. 대체로 국화전문가들은 여러 재료를 조합해 보면서 자신만의 환경에 맞는 배양토를 만들어 사용한다.

좋은 국화 배양토란 아침에 물을 주면, 다음날까지 하루 반 정도 수분을 지니는 보수성, 물을 주면 소리가 나듯이 바로 밑으로 빠져나가는 배수성 및 화분 안에 대기(大氣)를 확보해주는 통기성을 만족시켜주는 배양토이다. 이를 위해 여러 재료를 조합하는 것이므로 특별히 사용 재료의 조합 이유를 규명해야 할 정도로 어려운 것이 아니며, 또한 조합에 대한 정답도 없는 것이다.

결국은 자신의 재배 환경과 재배 방법에 적합한 배양토라면 그것이 정답이므로, 각기 자신에 맞는 배양토를 만들기 위한 노력이 필요하다.

배양토의 조합 재료

• **부엽** : 낙엽은 수분이 공급되면 썩기 시작해서 열을 발생하는데, 낙엽이 다

썩어서 부엽이 되면 더는 열을 발생하지 않는다. 덜 썩은 부엽으로 배양토를 만들면 나중에 화분 안에서 배양토에 섞인 부엽이 수분을 얻어 썩으면서 발생한 열이 뿌리에 손상을 끼쳐 국화의 생장에 큰 지장을 주게 된다.

직접 부엽을 만들 때는 참나무 계통인 상수리나무 잎이나 떡갈나무 잎을 모아서 포대에 담아 물속에 담가 물은 먹인 뒤 적당량의 쌀겨와 깻묵 가루를 잘 섞어서 썩힌 부엽이 좋다.

① 참나무 낙엽을 채취해 온 모습으로 이 포대를 물웅덩이에 며칠 담가서 낙엽이 물을 충분히 머금게 한다.
② 쌀겨와 깻묵을 뿌린다.
③ 쇠스랑으로 뒤집으며 잘 섞는다.
④ 발효 후 물을 뿌리며 뒤집고 다시 썩혀, 낙엽이 부엽으로 바뀌는 모습

낙엽이 썩을 때는 물을 소모하고 또 부패열로 수분이 증발하므로 낙엽을 완전히 썩히기 위해서는 낙엽을 뒤집어가면서 물을 뿌려 추가로 2회 정도 더 부패시키는 과정이 필요하다. 시중에서 판매하는 부엽인 경우는 쌀겨와 깻묵 가루를 섞어서 한 번 더 썩혀주면 좋다. 부엽은 배수성을 높여준다.

• **황토** : 황토는 철분을 많이 포함하고 있어 국화의 성장에 도움을 주며, 보수성을 높여준다. 황토는 가루가 들어가면 배수성과 통기성이 크게 떨어지므로 체로 쳐서 2cm 정도 크기의 덩어리로 선별하여 넣은 것이 좋다. 황토 덩어리 대신에 논흙 덩어리를 넣어도 좋은데 혼합 방법은 황토와 같고, 건조한 상태로 부엽토에 섞어준다.

필자는 사진과 같이 황토 덩어리를 만들거나, 도자기 만들 때 쓰는 소지 토련기를 사용하여 점성이 있는 황토를 지름 10cm 정도의 가래로 만들어 어느 정도 굳으면, 기타 줄 1번 선을 사용하여 두께 2cm 정도로 잘라서 완전 건조 시킨 뒤에 작은 망치로 적당히 깨트리고 체로 쳐서 사용하였다. 5호 화분 이하에 사용하는 배양토에는 약간 작은 크기의 황토 덩어리를 사용하는 것이 좋다.

▲ 황토 덩이

- 기비(基肥) 또는 발효 분(糞) : 비료 성분이 부족한 부엽토를 배양토 조합에 사용할 때는 기비로서 건조비료나 소, 말, 닭의 발효 분을 가루로 내어 적당량 섞어주면 보비성(補肥性)을 높일 수 있다.

- 산모래 : 배수성과 통기성을 높이기 위해서 넣어준다. 쌀이나 팥 크기가 적당하다.

- 훈탄(燻炭) 또는 숯 : 왕겨를 탄화시켜서 만든 것으로, 배수성과 보비력(保肥力)을 높이고 또한 배양토의 물리적 성질을 향상하기 위해 넣는다.

- 배양토의 조합 : 배양토의 재료가 준비되었으면, 사용하기 한 달 전쯤에 각 재료를 조합하여 잘 섞은 다음 충분히 물기를 공급한 다음 쌓아놓고 수분이 증발하지 않도록 비닐 등으로 덮어서 숙성시킨다. 중간에 한 번 정도 뒤집어 섞어주면 균질성이 높일 수 있다.

재배작별 배양토 조합 실례

재배작		부엽토	황토 (논흙)	산모래	기비	훈탄
3간작	후국계통	3	4	1	2	1
	관국계통	5	3	1	1	1
복조	후국계통	3	3	2	2	1
	관국계통	4	2	3	1	1

＊훈탄은 부엽토, 황토, 산모래, 기비를 합한 전체에 대한 비율이며, 혼합비는 무게가 아닌 부피에 대한 비율이다. 훈탄 대신에 숯을 넣기도 한다.

5

비료

건조비료

국화는 화분에 심어서 키우는 화초(花草) 중에서는 비료를 가장 많이 필요로 하는 식물 중의 하나로, 꽃봉오리가 나오기 직전까지 충분히 시비하여 세력 이 좋게 성장시키는 것이 중요하다. 단, 햇빛이 들어오는 시간이 긴 장소에 서는 비료를 많이 시비하여도 그리 장해가 나타나지 않지만, 햇빛이 들어오 는 시간이 짧은 곳에서는 비료장해가 나타나기 쉬우므로 1회 시비량을 줄이 는 등 재배 환경과 국화의 생육 상태에 맞추어 시비량을 조절해주어야 한다.

건조비료는 깻묵 가루, 쌀 댕겨, 어분 등을 섞어 발효시켜 만든 유기 질 비료인데, 시비한 후 서서히 비료 성분이 배양토로 녹아 나오기 때문 에 시비효과가 20일 정도 장기간 지속하며, 비료장해도 적다는 이점이 있다. 건조비료를 만드는 재료는 질소, 인산, 칼륨의 공급원이 되는 깻 묵 40%, 쌀겨 30%, 어분 20%, 골분(骨粉) 10% 정도가 적당하며, 여름철 에 만들면 구더기가 생기거나 악취가 풍겨 불편하므로, 겨울철에 만드 는 것이 좋다.

필자는 골분을 구하기 어려워 깻묵 45%, 댕겨 45%, 멸치 10% 정도의 비율로 조합한다. 매년 같은 비율로 조합하여 같은 정도로 발효시키면, 시비량의 조절이 쉬워 비료장해를 입을 확률도 줄어든다. 자신이 조합하여 건조비료를 만들기 어려운 경우는 시판하는 분재용 건조비료 중에서 가능한 입자가 작은 건조비료를 구입하여 사용량에 대한 감각을 익혀도 좋다.

위의 비율로 조합한 원료를 잘 혼합한 뒤, 물을 조금씩 뿌려가며 뒤집기를 하여 물기를 균질하게 만든다. 건조비료의 발효는 호기성(好氣性) 발효이므로 물기가 너무 많으면 혼합원료 안쪽까지 산소가 통하지 못해 겉쪽만 발효가 일어나고 안쪽은 발효되지 않는다. 또한, 물기가 너무 적으면 발효가 진행되지 못하므로 적정량의 수분을 함유해야 한다. 물기를 먹은 조합된 원료를 눈싸움할 때 눈 뭉치는 것처럼 두 손으로 뭉쳐서 가슴 높이에서 떨어뜨려, 그 덩어리가 부서지며 옆으로 흐트러지는 정도의 물기가 적당한 물기라고 판단하면 된다. 손으로 잡아서 뭉쳐지지 않으면 물기가 부족한 것이고, 지면에 떨어져 흐트러지지 않으면 물기가 많은 것이다.

만드는 양이 적을 때는 높이가 7cm 정도의 발포 스티로폼 상자에 담고, 좌우 2cm 간격으로 지름 1cm 정도의 구멍을 뚫어주어 대기 공급을 도와주고, 그 위를 신문지로 덮어두면 발효가 시작되면서 열을 내기 시작한다. 발효의 진행 중이라도 수분이 없어지면 발효가 멈추므로, 이때는 상자에서 꺼내 부수고 물을 뿌려가며 잘 섞은 후 다시 상자에 넣고 한 번 더 발효시킨다.

 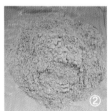  

 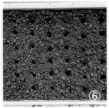  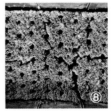

① 가루를 낸 깻묵과 쌀겨를 1:1로 준비한다.

② 잘 혼합한다.

③ 물을 넣으면서 잘 섞은 다음 멸치를 넣는다.

④ 다시 잘 섞는다.

⑤ 발포 스티로폼 상자에 뿌리듯이 담는다.

⑥ 연필 굵기의 막대로 눌러서 2×2cm 간격으로 산소 공급 구멍을 만들고,

⑦ 신문지 등으로 덮고 발효시킨다.

⑧ 열이 나면서 발효가 진행된 상태. 수분이 없어 더는 발효가 진행되지 않는다.

　잘게 부순 후, 물을 뿌려가며 잘 섞어서 한 번 더 발효시킨 다음 햇빛이 통하지 않는 용기에 넣어 보관한다.

액비

　국화의 성장을 보아 비료가 부족할 때나 부족한 특정 성분을 바로 보충하는 목적으로 사용한다. 원예전문점에서 질소 성분이 많은 영양성장 기간용 액비와 인(P)과 칼륨(K) 성분이 많은 개화기용의 액비를 판매하고 있으므로, 이것을 물에 타서 속효성 액체 비료로서 배양토나 엽면에 시비하면 된다. 또한, 위에서 만든 건조비료를 물에 넣어 비료 성분을 물속에 추출시켜 속효성 액비로 사용하기도 한다.

재배장소

국화는 햇볕이 잘 들고 바람이 잘 통하는 확 트인 환경을 좋아하는데, 대국을 화분으로 키워본 경험에서 보면, 묘를 5호 화분에 심은 때부터 꽃봉오리가 나타나는 시기인 9월 초순까지는 동틀 때부터 오후 3시경까지 햇볕이 드는 장소가 이상적인 장소이다.

그러나 요즘의 주택환경에서 이런 이상적인 장소에서 국화를 키운다는 것은 쉽지 않은 일이므로, 하루 최저 하루 6시간 이상 햇볕이 드는 장소를 선택하면 좋은 꽃을 피울 수 있다.

이러한 장소에 적당한 크기의 비닐하우스 등의 비가림 시설을 하여 화분이 비와 바람에 맞지 않도록 하여, 화분 배양토의 비료기가 비에 씻겨 빠져나가거나 바람에 넘어지지 않도록 해준다.

장마, 화분의 배수 등의 이유로 바닥이 젖게 되면 민달팽이와 같은 해충이 화분으로 올라올 수 있으므로 지면에서 30~40cm 높이로 화분 받침대를 만들고 그 위에 화분을 놓아두면 통기도 잘되고 해충도 막을 수 있다. 화분 받침대는 남북으로 길게 놓으면 좋다. 화분은 기울어지면 물이 기운 쪽으로 쏠리므로, 항상 수평을 이루도록 해야 한다.

▲ 화분 밑쪽으로의 통기성을 확보하고, 화분 사이의 간격도 충분히 확보해주며, 직사광선이 화분에 닿아 화분 온도가 올라가지 않도록 화분을 가려주는 것도 하나의 방법이다.

물주기

하루 한 번, 아침에 충분히 물을 준다.

대국은 대단히 생장이 빠르므로 항상 충분한 영양분을 공급해 주어야한다. 그러므로 화분 안 배양토에 포함되어있는 영양분을 녹여서 실어나르는 수분이 적으면 생장에 지장이 생기며, 반대로 배양토가 과습(過濕)하게 되면 통기성이 나빠져서 호기성(好氣性)인 뿌리가 썩게 되어 생장이 나빠진다.

이 같은 이유에서 아침에 한 번 준 물이 하루 반 정도 유지되어 국화의 왕성한 생육을 만족시켜줄 수분과 영양분을 충분히 공급 해 줄 수 있는 배양토를 만드는 일이 중요한 것이다.

물주기는 일정량의 물을 화분 윗면에 골고루 스며들게 해야 하며, 물을 많이 주어 화분 바닥으로 물이 빠지게 되면 배양토 안에 포함된 영양성분도 함께 빠져 유실되는 것이므로, 바닥으로 약간의 물이 빠지는 정도의 물양이 알맞다.

또한, 화분 위 한 곳에만 물을 주게 되면 그곳의 배양토가 파이게 되고, 물이 일정한 통로로만 흐르게 되는 채널링이 생기게 되어 화분 전체로 물이 스며들지 않게 된다.

8

병충해 방제

병해와 방제

국화 재배 중 진딧물, 응애, 총채벌레 및 점무늬병 등의 피해를 받은 국화는 좋은 꽃을 기대하기 어렵다. 특히 개화 후에 진딧물이나 응애가 발생하면 꽃잎 안으로 숨어들어 구제가 불가능하고, 주위의 다른 출품작으로까지 퍼질 우려가 있어 전시장 출품이 거부되므로 병해충에 대한 철저한 방제가 필요하다.

이전과는 달리 온난화 현상으로 기온이 올라감에 따라 병충해의 활동이 왕성해졌으며, 활발한 국제교류에 인해 해외로부터 유입된 신종 병해충까지 발생하고 있다. 또한, 기존의 병해충도 살충, 살균제에 대한 내성이 증가하고 있으므로 농약사와 상담하여 적절히 방제해주어야 한다.

① 점무늬병(반점병(斑點病))

점무늬병에는 흑반병(黑斑病)과 갈반병(褐斑病)이 있는데, 재배 전(全) 기간을 통해 발생하는 병으로, 밑쪽 잎에서 많이 발생한다. 초기에는 작은

▲ 흑반병[7]

▲ 갈반병[8]

황색 반점으로 시작하지만, 점점 커지면서 갈색이나 흑갈색으로 변하며 넓게 퍼지면서 그 잎은 말라 죽어 버린다. 병반(病斑)은 잎맥을 따라 부채 모양으로 잎이 검게 변하기도 하고 작은 반점이 모여 있기도 한다.

발생 생태

병원균은 *Septoria chrysanthemella* Saccardo이다. 생육 온도는 10~32℃ 이고, 최적 생육 온도는 24~28℃이다. 병든 부분에 검고 작은 알맹이 모양을 한 것이 병자각(柄子殼)[9]이다. 병자각 안에 만들어진 병포자가 비가 올 때 흘러나와 바람에 의해 전파된다. 비가 오면 병반에 보이는 흰 가루 같은 것이 병포자 덩어리이다. 병균 침입 후 발병까지의 기간은 대략 20~30일이나 고온 때에는 단축된다. 노지 재배에서 적심한 후에 비 내리는 날이 많으면 심하게 발생하고 발생 시기도 빨라진다.

---

7 출처 http://noukan.web.fc2.com/noukan/24/24213.html
8 출처 http://www.cainz.com/jp/byouki_gaichu/byouki/
9 균사(菌絲)에서 분생 포자를 형성하는 번식 기관의 하나. 어두운색에서 흑갈색을 띠는 구형이나 편구형의 각 방이 생기고, 그 내부의 각 벽에 분생자경이 발달하여 분생 포자를 형성한다.

방제

환경적 방제로는 질소질 비료의 과용을 피하고, 통풍이 잘되게 하여 과습(過濕)을 피한다.

약제 방제로는 생육 초기에 피라클로스트로빈 입상수화제, 아족시스트로빈 액상수화제, 디페노코나졸 입상수화제, 이프로디온 수화제 등의 약제에 전착제(展着劑)를 넣어 밑쪽 잎부터 잎 앞뒷면에 잘 묻도록 살포하고, 살포시 병든 잎이 있으면 제거한다. 노지 재배인 경우는 적심 후 20일 정도부터 1주 간격으로 5~7회 살포하는 것이 좋다.

② 백수병(白銹病)

흰녹병이라고도 부른다. 잎의 뒷면에 볼록한 백색 반점이 생기는데, 내버려 두면 광범위하게 피해를 받는다. 3~5월부터 발생하여 7월에 가장 심해진다. 처음에는 잎 뒷면에 작은 백색 병반(病斑)이 생기고 곧 커지면

▲ 백수병의 병반[10]

---

10 출처 (좌) https://seikoen-kiku.co.jp/kikunews/740
(우) http://www.pref.nara.jp/16496.htm

서 볼록하게 튀어나온 모양으로 되며, 오래되면 백색에서 엷은 갈색으로 변한다. 잎 앞면에서는 병반 주위가 불투명한 담황색 반점같이 보인다.

하우스재배에서는 2~3월부터 발생하여, 늦가을이 되어 줄기가 죽을 때 병균이 새로 나온 싹에 잠복해 있다가 다음 해 봄 묘에 발생한다. 이 병은 맑은 날씨가 이어지면 발생이 적으나, 비 내리는 날이 계속되면 급격히 발생한다.

발생 경로

동포자(冬胞子)가 발아하여 소생자(小生子)[11]를 형성하고 이것이 바람에 날려 전염한다. 잎 뒷면에 날려와 붙은 소생자가 발아하여 균사(菌絲)를 발생시켜 건전한 조직에 침입한다.

소생자 형성기에 있는 동포자퇴(冬胞子堆)에서 소생자가 형성되어 감염이 종료되기까지는 7시간 정도 걸리며, 잠복 기간은 10일 정도이다. 감염되어 소생자가 형성될 때까지는 20일 정도 걸린다.

방제

과습 상태나 배수가 원활하지 않을 때 많이 발생하므로 배수성이 양호한 배양토를 사용하고, 습도를 낮출 수 있도록 통풍이 잘되게 해야 한다. 질소질 비료의 과다사용이 발생을 조장하기 때문에 시비에도 충분히 주의해야 한다. 병든 잎이나 줄기는 지장이 없는 한 발병 즉시 제거한다.

온실 지면을 제초 매트 등으로 전면에 깔아주면 발생율을 크게 낮출

---

11 녹균의 동포자 및 흑수균의 흑수포자가 발생하여 생기는 전 균사체에 생기는 포자의 일종

수 있으며, 약제로는 아족시스트로빈 수화제, 디페노코나졸 유제, 페나리몰 유제, 메프로닐 수화제, 비터타놀 수화제, 피라클로스트로빈 유제, 헥사코나졸 액상수화제 등을 사용하여 내성이 생기는 것을 막기 위해 약제를 바꾸어가며 10~15일 간격으로 연속 살포한다.

③ 흑수병(黑銹病)

이 병은 *Puccinia tanaceti*라는 담자균류에 속하는 사상균(絲狀菌)에 의해 발병하는데, 발병 초에는 잎의 뒷면에 갈색~흑갈색의 작은 반점이 생겨 확산도 빠르며 피해도 크다. 발생 시기는 6월과 9월 하순이다. 반점이 확대되면서 흑색~갈색 가루를 분출한다. 반점이 늘어나면, 이 병 특유의 반점을 중심으로 원형 모양의 병반(病斑)이 보인다. 많이 발생한 경우는 잎 뒷면뿐만 아니라 잎 앞면이나 줄기에도 병반이 생긴다. 이 병은 잎 뒷면에서 발생하는 것과 병반이 튀어나오는 것으로 진단한다. 장마

▲ 흑수병 병반[12]

---

12 출처 (좌) http://www.naro.affrc.go.jp/laboratory/nivfs/kakibyo/plant_search/ka/
kiku/post_661.html
(우) https://www.boujo.net/handbook/hana/hana-113.html

철과 가을비 시기에 감염을 반복하면서 급속히 퍼진다.

방제

밭 주변의 국화과의 잡초를 제초한다. 재배 중에 발병한 잎은 제거해서 소각한다. 삽순은 건강한 모주(母株)에서 채취한다. 배수를 좋게 한다. 비료 부족에 주의하면서 질소질 비료의 과다사용을 피하며 생육을 좋게 한다. 밀식을 피하고 통풍이 잘되게 한다.

약제는 백수병(白鏽病)에 사용하는 약제를 사용하면 된다.

④ 흰가루병(白粉病)

5월, 6월 및 9월 하순에 발생하는데, 잎이나 줄기가 밀가루를 칠한 것처럼 하얗게 되면서 잎이 말라 죽는 증상으로 다른 병과 쉽게 구별할 수 있다. 일단 한 곳에서 시작되면, 무성 포자를 형성하여 주위로 퍼지면서

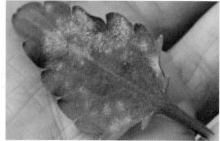

▲ 흰가루병 병반[13]

---

13 출처 (좌) https://kateisaien01.com/panji-udonkobyo-781
(우) http://dara-dara.cocolog-nifty.com/blog/2005/10/___71ab.html

떨어진 곳까지 감염시킨다.

방제

 질소 비료는 적게 주고 통풍이 잘되게 하며, 배양토의 배수성을 좋게 하여 뿌리가 튼튼하게 자라게 한다. 건조하면 발생하기 쉬운 병이므로 물주기를 거르면 안 된다.

 약제로는 플루오피람 액상수화제, 페나리몰 수화제, 플루실라졸. 크레속심메틸 액상수화제, 아족시스트로빈 액상수화제, 아졸계나 탄산수소칼륨 등의 살균제를 살포한다.

⑤ 국화왜화병(Chrysanthemum Stunt Viroid)

 국화왜화병의 병원체는 Chrysanthemum Stunt Viroid(CSVd)이다. 바이로이드(Viroid)는 바이러스와 비슷한 뜻이나, 바이러스보다도 작은 병원체이

▲ 국화왜화병(좌, 우가 감염, 중앙이 건전)[14]

───────────

14 출처 https://www.ipmimages.org/browse/detail.cfm?imgnum=0454059

다. 전염은 꽃봉오리 제거, 절화, 절단 등의 작업에 사용하는 가위 등의 기구에 묻은 국화 액에 의해 전염된다.

증상

증상은 잎이 작아지고 줄기와의 각도가 작아지면서 직립(直立)하며, 절간(節間)도 짧아지면서 왜소해진다. 미미하지만 엷은 녹색으로 변하며, 녹색 반점이나 황색 반점을 보일 때도 있다.

방제

일단 발병하면 치료하기 어려우므로, 무병묘를 이용하고 전염원을 제거하거나 전염경로를 차단해야 한다.

⑥ 잿빛곰팡이병(灰色黴病)

발생

약간 저온인 4월에 발생한다. 다습한 환경을 좋아하여, 하우스재배에서 많이 발생한다. 잎, 줄기 및 꽃에 발생하며, 처음에는 물이 침투한 것 같은 갈색 부정형 병반을 형성하고는 부패하여 잿빛의 곰팡이가 형성된다. 심하면 병든 꽃잎이 접촉한 잎이나 줄기에도 발생한다.

증상

잎자루에서의 발병 초기에는 아랫부분이 옅은 갈색의 물이 스며들어 붙은 모양이 되고, 그다음에는 병의 환부에 회백색의 균사체가 가득 생

▲ 잿빛곰팡이병 병반[15]

긴다. 꽃 목에서도 같은 증상을 보인다. 꽃잎에서는 처음에는 데친 것 같은 담갈색의 병반이 생겼다가 적갈색으로 변하며, 마침내 갈색으로 변하면서 잿빛의 곰팡이가 밀생한다. 보통 꽃잎 가장자리부터 발병하여 차츰 꽃 전체가 썩으면서 오므라들기도 한다. 발병한 잎자루나 꽃은 밑으로 쳐지면서 말라 죽는다.

방제

환경적 방제법으로는 습도가 높아지지 않도록 충분히 환기하는 것이 중요하다. 또한, 병든 꽃은 일찍 따서 소각하여 병균이 퍼져나가지 않도록 한다.

약제 방제는 카벤다짐 수화제, 피라클로스트로빈 입상수화제, 이프로디온 수화제, 프로사이미돈 수화제 등이 효과적이다. 꽃의 색상에 따라서는 농약의 흔적이 남으므로 개화 전에 살포하거나 약흔(藥痕)이 없는 약제를 선택하여 포기 전체에 골고루 살포하는 것이 좋다.

---

15 출처 (우) http://www.pref.nara.jp/16496.htm

⑦ 뿌리썩음병(根腐病)

발생

6월 장마철부터 7~8월 고온기까지 자주 발생한다. 삽수 상자와 정식 화분에서 발생하며, 순 끝부분이 회갈색에서 흑갈색으로 변색하며 부패하여 말라 죽는다. 발생 원인으로는 토양 중의 리족토니아 균, 푸사리움 균, 피시움 균 등의 병원균 또는 국화뿌리썩임선충 등의 토양 선충에 의해 일어나거나 뿌리 부분이 너무 습해서 발생한다.

발생 생태

병든 식물체와 함께 토양 속에서 균핵 및 균사의 형태로 월동하고, 이듬해 감염시켜 모잘록 및 뿌리 썩음, 줄기 마름 증상을 일으킨다.

증상

초기에는 가지 밑동 쪽은 어두운색의 물이 침투한 형상이 되고, 뿌리 쪽은 반투명 황색이 되면서 부패해 간다. 주근(主根)에 흑갈색 수침상 반점이 형성되어 잔뿌리가 없어지고, 주근의 중심까지 검게 변한다. 줄기, 잎, 싹에 흑갈색의 병반이 생겨 결국은 말라 죽고, 잎은 끝부분부터 흑갈색으로 변하며 잎자루, 줄기까지 감염된다. 줄기에서는 하부 잎이 달린 뿌리부터 흑갈색으로 되어 줄기가 말라간다. 정식 후에 묘의 지제부(地際部)[16]가 갈변하여 모잘록병을 일으킨다.

---

16 토양과 지상부의 경계부위

방제

환경적 방제로는 질소 비료를 과하게 주지 말고, 배수에 주의하며 고온으로 관리하지 않도록 한다. 토양 소독도 유효하다.

약제 방제로는 몬세렌, 포리옥신디, 바리신, 지오판(톱신엠, 톱네이트 엠), 리프졸(트리후민), 이프로(로브랄), 카프로(로브동), 헥사코나졸, 훼나리, 리조렉스 등을 살포하고, 병 발생이 심하면 토양살균제 등을 이용하여 토양을 소독한다.

해충과 방제

① 진딧물

진딧물은 새싹, 새잎, 줄기나 꽃잎 및 잎 앞뒷면 등 눈에 잘 띄는 곳에 모여서 서식하는 작은 벌레이다. 진딧물의 먹이는 식물의 즙액으로 새끼를 낳기 위한 영양분인 단백질은 부족하고 탄수화물은 남으므로 남는 당분은 배설물로 배출하는데, 이것을 먹으려고 작은 개미, 기생벌, 파리 등이 많이 모이게 된다.

몸 크기는 보통 1.5~3mm 정도이며, 몸 색깔은 녹색뿐만 아니라, 적색, 분홍색, 황색, 흑색 등 여러 색채가 있다. 작은 날개를 가진 개체는 날아서 이동하지만, 극히 한정된 시기에만 출현할 뿐 그 외의 기간에는 날개가 없어 숙주 식물에서만 즙을 빨아 먹는다.

▲ 진딧물과 진딧물을 포식하는 무당벌레
성충과 유충이 혼재되있는 것으로 부터 왕성한 번식력을 알 수 있다.
꽃봉오리 주위에서 즙을 빨아 먹고 있는 모습과 무당벌레가 진딧물을 잡아먹고 있는 모습[17]

피해 증상

식물의 즙을 빨아 먹으므로 새잎이 정상적으로 크지 못하며, 줄기의 신장이 억제되어 생육이 나빠지거나 꽃이 이상하게 피는 등의 피해가 나타난다. 또한 바이러스 병을 옮기거나, 잎에 떨어진 배설물인 감로(甘露)에 그을음병균이 발생하여 잎이 까맣게 더럽혀지고 엽록소가 파괴되어 광합성이 원활하게 이루어지지 않으며 관상 가치까지 떨어뜨린다.

방제

식물에 기생하는 진딧물의 종류는 대단히 많으며, 일반적으로는 봄부터 가을에 걸쳐 기생하지만, 특히 초봄에 두드러지게 번식한다.

살충제로 어렵지 않게 방제할 수 있으나, 그 시기를 놓치지 않도록 주의하는 것이 중요하다. 특히 꽃이 핀 이후에 꽃잎 사이로 들어간 진딧물은 퇴치하기가 어려우므로 개화 전에 완전히 없애야 한다.

---

17 출처 (중) http://www.agro.jp/engei/section1/flower/kiku.html
(우) https://horti.jp/16333

진딧물의 천적으로는 꽃등에류 · 진디벌류 · 무당벌레류 · 풀잠자리류 등이 있다.

② 응애

국화에 발생하는 응애는 모두 식식성(植食性)으로, 식물체 위에서 바늘 같은 입을 식물 조직에 찔러 넣고 즙을 빨아 먹는다. 대부분 촉지(觸肢)에서 거미줄 같은 줄을 낸다. 약제에 대한 내성을 갖기 쉬우므로 방제가 어렵다. 일반적으로 낮은 습도를 좋아한다. 국화에 기생하는 대표적인 응애에는 차응애, 점박이응애, 혹응애가 있다.

식물 위에 쳐진 거미줄 같은 실에 머무르고 있는 응애를 볼 수 있는데, 그 거미줄은 촉지(觸肢)에서 나오므로 좌우 2줄이 나오지만, 바로 달라붙어서 1줄로 보인다. 거미줄의 용도는 두 가지로, 하나는 생명줄 역할을 하고, 다른 하나는 잎 뒷면에 알을 낳은 때 그 알 위에 방사상으로 거미줄을 쳐서 알을 잎면에 밀착시킴으로써 알의 수분을 유지한다는 학설이 있으며, 천적인 이리응애의 포식 행위를 방해하기 위함이라는 보고도 있다.

형태

크기는 0.3~0.6mm 정도이며 형태적으로 거미와 유사하나, 거미는 머리가슴과 배 두 부분으로 나누는 데 반해 응애는 머리, 가슴, 배가 일체형으로 다리는 8개이다.

▲ 꽃봉오리와 주변의 거미줄 위에 형성된
  응애 콜로니

▲ 응애의 피해를 받은 꽃잎은 더는 커지지
  못하고 쪼그라들면서 말라간다

생태

온실에서의 발생은 주변 잡초지에서 침입하거나 반입 모종에 부착해서 반입된다. 발생 초기에는 잎 뒷면의 오목한 부분이나 잎맥의 구석에 모여 있어 발견하기 어려우므로 수시로 아래 잎 뒷면을 유심히 보는 것이 중요하다.

고온의 건조한 조건에서 발생하기 쉽다. 9℃ 전후에 발육을 시작하며, 알에서 성충이 되기까지 봄에는 16일, 가을에는 20일 정도 걸리지만, 25℃의 조건에서는 약 10일밖에 걸리지 않는다. 온도가 높은 온실에서는 일단 발생하면 단기간 내에 고밀도로 된 다음 식물체의 생장점 부위와 지주 첨단 등에 콜로니를 형성하고 분산하기 시작한다. 대부분 응애는 하루에 3~10개, 한세대에 100개 정도의 알을 낳으며, 부화한 유충은 3회 탈피하여 성충이 된다.

차응애, 점박이응애는 단일, 저온 조건에서는 휴면하지만, 시설 내에서는 겨울철에도 휴면하지 않고 번식한다.

피해 증상
잎 뒷면에서 세포의 내용물을 빨아먹어 엽록소가 없어지고, 조직이 파괴되어 잎 표면에 백색 반점이 생기며, 피해가 진행되면 흰 반점이 잎 전체에 미치게 되고, 색이 황색을 거쳐 갈색으로 변하면서 말라 죽는다. 또한, 탈피각과 배설물, 거미줄로 인해 잎 뒷면이 무척 지저분해진다.

어린잎이 피해를 받으면 성장이 정지하며, 개화 후에는 꽃잎에 피해를 주어 꽃잎이 부풀어 오르지 못하고 벌어지지도 못하며 말라 들어 보기 흉해진다.

방제
응애류의 주요 발생원은 온실 안 또는 온실 주변의 잡초이므로 이러한 잡초를 제거하는 등의 환경 정비가 중요하다. 응애 방제에는 응애 전용 살충제의 살포가 필요하다.

응애의 천적인 이리응애는 발육 기간이 응애보다 짧고 소수의 먹이로도 성숙하기 때문에 천적 방제로써 시도하고 있지만, 여러 형편상 대부분 살충제로 방제한다.

개화할 때 응애가 남아 있으면, 꽃 안쪽으로 들어가서 번식하므로 살충제를 살포해도 살충제가 닿지 않아 방제할 수 없게 된다. 또한, 살충제에 꽃잎이 상하게 되므로 개화 전에 완전히 방제하여야 한다. 알은 살충제에 닿아도 죽지 않으므로 3일 간격으로 3회 연속 응애 살충제를 살

▲ (왼쪽) 건강한 잎   (오른쪽) 피해를 받은 잎[18]

포하면 알에서 부화한 응애까지 완전히 없앨 수 있다. 응애는 주로 잎 뒷면에 서식하므로 응애약은 잎 하나하나 뒷면까지 빠뜨리지 않고 살포해야 한다.

응애는 살충제에 대한 내성을 쉽게 가지므로 같은 약제를 연속으로 사용하면 해충의 약에 대한 내성을 높여주게 되므로, 매회 다른 약제를 교대로 사용하는 것이 바람직하며, 혼용 가능한 응애 살충제와 진딧물 살충제를 혼합해서 사용하면 살포에 들어가는 시간과 수고를 줄일 수 있다.

온실에서는 훈연제를 사용하면 효과적이나, 용량을 잘 맞추어야 한다.

---

18 출처 https://www.nogyo.tosa.pref.kochi.lg.jp/info/dtl.php?ID=3687

① 점박이응애(*Tetranychus urticae* Koch)

몸 크기는 암컷이 0.5~0.6mm, 수컷이 약 0.4mm이다. 여름형 암컷의 몸 색깔은 옅은 황색에서 옅은 황록색이며, 일반적으로 몸통 좌우에 검은 점이 박혀있다.

▲ 점박이 응애의 암컷 성충과 알[19]

② 차응애(*Tetranychus kanzawai* Kishida)

몸 크기는 암컷이 0.53㎜, 수컷이 0.45㎜이고, 암컷 성충은 암적색을 띠우며 몸 측면에 암색 반점이 있다. 붉은 눈 위쪽이 백색이다. 여름형 암컷은 붉은빛이 도는 초콜릿 색으로 앞다리 선단부에 연한 황적색이 감돈다. 또 첫 번째 다리 끝부분만 연한 주황색으로, 전체적으로는 흰색처럼 보인다.

▲ 차응애의 암컷 성충과 알[20]

---

19 출처 https://www.nogyo.tosa.pref.kochi.lg.jp/info/dtl.php?ID=4989
20 출처 https://www.nogyo.tosa.pref.kochi.lg.jp/info/dtl.php?ID=4989

③ 국화잎혹응애(*Paraphytoptus kikus* Chinon)

응애목 혹응애과(Eriophyidae)의 아주 작은 응애로 몸길이는 0.2mm 내외다. 다른 응애와는 달리 몸이 구더기 모양으로 몸 아래쪽에 다수의 환절(環節) 형태의 구조를 갖는다. 성충도 다리가 2매밖에 없는 등 매우 특이한 형태를 하고 있다. 생태는 알 이후에 유충기가 없고 2회의 약충기가 이어진다. 암컷은 2가지 형태가 있는데, 수컷과 비슷한 정상의 암컷(제1 암컷)과 수컷과는 형태가 다른 휴면형 암컷(제2 암컷)이 있다. 수컷은 삽입기를 갖지 않아서 간접적인 방법으로 정자를 전송한다. 수컷이 잎면에 정포(精包)를 낳으면, 암컷이 그것을 취해 넣는다.

피해 증상

주로 잎 뒷면에 발생하며, 피해를 받은 잎은 엽록소가 파괴되어 불규칙한 연녹색의 반점이 생기면서 뒤쪽으로 약간 굽는데, 피해가 진행되면 갈색으로 변하면서 낙엽이 진다. 줄기나 잎자루 부위에 기생하면 기

▲ 피해 잎과 기생상태[21]

---

21 출처 (좌) https://www.nogyo.tosa.pref.kochi.lg.jp/info/dtl.php?ID=3692
　　　(중) http://lib.ruralnet.or.jp/cgi-bin/ruralbyougai3.php?ARG1=
　　　　　534b3d834c26534e3d834c834e2653543d312646473d33
　　　(우) https://takimo.net/EnZar_ElmaPasAkari.aspx

생 부위가 갈색으로 변하면서 단단해지므로 초장이 짧아진다. 기주식물의 가해 부위나 식물의 피해양상에 따라 잎에 벌레혹을 만드는 Gall mite, 잎의 살 조직을 해면체로 만드는 Bkister mite, 싹을 가해하는 Bud mite, 잎 뒷면에 모선 모양의 털을 밀생시키는 Erineum mite, 잎이나 과실을 가해하여 녹슨 것 같이 만드는 Rust mite 등이 있다.

방제

이 응애는 몸이 작아서 피해가 커져야 발생한 것을 알게 되는 경우가 대부분이다. 전년도에 발생한 온실은 예방적 방제를 하는 것이 방제의 포인트이다. 또 사용한 약제에 대해 내성을 가지므로 약을 교대로 사용해야 한다.

약제로는 국화잎혹응애에 대해서는 스피로메시펜 액상수화제가 있고, 점박이응애에 대해 아세퀴노실 액상수화제, 아바멕틴 유제, 에마멕틴벤조에이트 유제, 밀베멕틴 유제, 사이에노피라펜 액상수화제, 비페나제이트 액상수화제 등이 있다.

③ 총채벌레

몸길이 0.5~1.7㎜인 작은 곤충으로 날개 모양이 총채처럼 생겨서 총채벌레란 이름이 붙었으며, 국내에는 60여 종이 분포하고 있다. 국화에 발생하는 총채벌레에는 오이총채벌레, 꽃노랑총채벌레 및 대만총채벌레 등이 있다.

증상

오이총채벌레는 주로 새로 나오는 순에 해를 준다. 피해를 받은 잎은

▲ 총채벌레 애벌레

▲ 총채벌레 성충

기형적인 잎이 되거나 잎 표면에 은회색의 화상(火傷)의 흔적이 남아, 피해 부위를 햇빛에 비추어 보면 백색 광택이 난다. 꽃잎에 피해를 준 경우는 긁힌 것 같은 갉아먹은 흔적을 남긴다.

꽃노랑총채벌레도 오이총채벌레과 마찬가지로 새싹과 꽃잎을 갉아먹어 유사한 피해를 남긴다. 잎 선단부의 피해 증상은 영양장해와 혼동하기 쉽다. 성충의 전체 몸 색깔은 황색 또는 황갈색으로 멀리 날지는 못하고 팔짝팔짝 튀듯이 날아서 이동한다.

대만총채벌레는 주로 꽃잎을 갉아먹는데, 긁힌 것 같은 흔적을 남긴다.

발생 조건

알은 꽃잎이나 열매꼭지 등의 조직 내에 1개씩 낳아 붙인다. 부화한 애벌레는 꽃과 잎에 기생한다. 땅속 등에서 번데기가 되었다가, 성충이 되면 다시 꽃과 잎에 기생한다.

오이총채벌레는 알에서 성충이 되는 한 세대에 필요한 기간은 25℃에서 약 14일이고, 성충의 생존 기간은 30일 안팎이며, 암컷 한 마리당 총 산란 수는 약 100개이다.

▲ 총채벌레로부터 피해를 받은 잎[22]　　　▲ 총채벌레의 천적 애꽃노린재[23]

꽃노랑총채벌레의 한 세대에 필요한 기간(25℃)은 약 12일, 성충의 생존 기간은 45일 안팎이며, 암컷 한 마리당 총산란 수는 200~300개이다. 대만총채벌레의 한 세대에 필요한 기간(25℃)은 약 10일, 성충의 생존 기간은 50일 안팎이며, 암컷 한 마리당 총산란 수는 약 500개로 번식력이 매우 왕성하다.

기생하는 식물은 국화 이외에도 가지, 피망, 멜론, 딸기 등의 야채류와 거베라, 장미 등의 화훼류와 잡초 등에 넓게 기생한다.

방제

오이총채벌레는 기생 범위가 넓고 번식력이 강하여 일단 대량으로 발생한 뒤에는 약제 방제 효과가 떨어지므로 발생하기 전부터 방제에 노력하는 것이 바람직하다. 온실인 경우는 측면과 천창 등의 환기부에 방충망을 치고, 야외로부터의 침입을 막아준다. 잡초에도 넓게 기생하므로 시설 주변의 잡초를 제거하고, 주위 밭두둑 등을 은박필름으로 멀칭

22　출처 https://kirinokaminari.at.webry.info/theme/3c0566a6d2.html

23　출처 http://www.naro.affrc.go.jp/archive/nias/eng/org/DivInsect/Interaction/

하여 날아오는 것을 방지하는 동시에, 번데기로 변하는 것을 막는다.

　1세대 기간이 짧아서 대량으로 발생하면 알, 유충, 번데기, 성충이 함께 있으므로 약제를 살포하여도 잎 조직 속에 있는 알과 땅속에 있는 번데기는 죽지 않고 살아남아 다시 번식하기 때문에 방제가 어렵다. 총채벌레 트랩이나 총채벌레 끈끈이 시트를 시설 내에 설치하여 성충을 유인해 잡는다. 겨울철에는 출입문이나 환기구를 열어 시설 안의 해충을 저온에 노출하여 죽이는 방법이 효과적이다.

　천적 방제법으로는 포식성 천적인 애꽃노린재나 포식성 응애를 이용하는 방법이 있다.

　방제약제로는 꽃노랑총채벌레에 대해서는 레피멕틴 유제, 티아메톡삼 입상수화제, 에마멕틴벤조에이트 입상수화제, 아세타미프리드 액제, 에마멕틴벤조에이트 유제, 벤퓨라카브 입상수화제, 에마멕틴벤조에이트 액제 등이 있고, 대만총채벌레에 대해서는 이미다클로프리드 수화제, 클로르피리포스-비펜트린 수화제, 비펜트린-클로르페나피르 수화제 등이 방제 효과가 높은 것으로 알려져 있으며, 살포 약제에 대해 내성이 생기기 쉬우므로 계획을 세워 약제를 교대로 살포한다.

④ 파밤나방(*Spodoptera exigua*)

　성충의 몸길이는 10~15mm, 날개를 펴면 25~30mm이며, 몸 전체가 밝은 회갈색으로 앞쪽날개 중앙부에 황갈색 원형의 얼룩무늬가 있다. 알은 덩어리로 낳으며, 그 표면은 회갈색의 인모(鱗毛)로 덮인다.

　애벌레의 몸통 옆면에 흰 선이 뚜렷하게 있는 것이 특징이며, 몸 색깔

▲ 약령기 애벌레 　 ▲ 성숙한 애벌레 　 ▲ 성충 　 ▲ 날개를 벌린 성충

은 집단으로 서식하는 약령기에는 황록색이지만, 중령기 이후에는 담녹색에서 흑갈색까지 다양하다. 부화한 애벌레는 1㎜ 내외이지만, 성숙한 애벌레의 몸길이는 약 30mm이며, 땅속에서 번데기가 된다. 성충은 4월에서 10월까지 나오지만, 개체 수가 많은 시기는 8월 이후이다.

증상

광식성으로(廣食性)[24] 애벌레가 잎을 갉아 먹는다. 잎 틈새에 숨어 들어가 안에서 잎을 갉아 먹는 일이 많다. 부화 직후의 1령 유충은 집단으로 잎끝 가까운 부분이나 부러진 부분의 안쪽에서 구멍을 뚫고 잎 속으로 침입하여 잎살만 먹고 표피를 남기므로 피해를 받은 잎은 하얗게 변하며 죽는다. 4령 이후에는 흩어져서 잎에 구멍을 뚫어 피해를 주는 등 잎 밖에 나와 활동하는 개체도 많아진다. 개화기의 유충은 꽃봉오리에 파고 들어가 꽃봉오리를 갉아 먹어 큰 피해를 준다.

파밤나방 애벌레의 피해를 받은 꽃으로 애벌레의 존재를 확인했을 때는 이미 되돌이킬 수 없는 상황이다.

---

24 동물이 섭취하는 식물의 선택범위가 넓은 성질을 갖는 것. 먹이의 선택범위가 넓은 동물의 식성

▲ 파밤나방 애벌레의 피해를 받은 꽃

방제

알 덩어리나 부화 직후의 애벌레 집단을 조기에 발견하여 신속하게 제거해야 한다. 온실 재배에서는 성충의 침입을 막기 위해서 측면이나 환기구에 방충망을 설치한다. 애벌레의 령(齡)이 진행되면 약제에 대한 내성이 증가한다. 잎이나 줄기 속으로 침입한 뒤에는 약물에 직접 노출되지 않으므로, 살충제에 의한 방제는 부화 직후의 약령기(若齡期)에 해야 한다.

방제약제로는 비펜트린 수화제, 피리달릴-테부페노자이드 유현탁제, 클로르페나피르 유제, 루페뉴론 유제, 인독사카브 액상수화제, 테플루벤주론 액상수화제, 에마멕틴벤조에이트 유제, 에마멕틴벤조에이트 유제, 사이클라닐리프롤 액제, 비펜트린 수화제, 메톡시페노자이드 액상수화제 등이 있다.

⑤ 아메리카잎굴파리(*Liriomyza trifolii*)

북아메리카가 원산지로 1970년대 이후 세계 각지에 널리 퍼졌다. 침입 해충으로 성충은 몸길이 2mm 내외의 작은 파리로서 머리 및 가슴 등판이 검은색으로 광택이 있으며, 성숙한 애벌레는 3mm 정도이다. 애벌레는 3령을 거치는데, 날카로운 이빨(hook)로 잎 속에 선상(線狀)의 굴을 뚫고 돌아다니면서 해를 끼치다가 말기에 유충이 되면 잎 속에서 구멍을 뚫고 나와 땅으로 떨어져 번데기가 된다. 번데기는 2mm 정도의 장타원형으로 황색 또는 갈색을 띤다. 5월에서 10월에 걸쳐 발생한다. 주광성(走光性)[25]이 강하여 온실 남쪽 통로 쪽에서 많이 발생하며, 질소 함유량이 많은 식물을 좋아한다.

피해 증상

애벌레는 잎 속을 선상으로 잠행(潛行)하며 잎을 갉아 먹는다. 화훼류 중에서는 국화와 거베라에서 가장 많은 피해가 발생한다.

암컷 성충은 기생하는 식물 잎에 산란관으로 작은 구멍을 뚫어 즙액을 빨아 먹거나 알을 낳아 피해를 준다. 부화한 유충은 잎 속에서 꾸불

   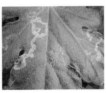

▲ 성체 잎굴파리　　▲ 애벌레　　▲ 잎 속에 파고든 애벌레　▲ 굴을 뚫고 다닌 흔적

---

25 빛의 자극에 대하여 광원 쪽으로 이동하는 성질

꾸불한 굴을 선상(線狀)으로 뚫고 다니면서 피해를 주어 식물의 생육과 관상에 나쁜 영향을 미친다.

방제

성충이 온실 안으로 침입하는 것을 방지하기 위해 삽수 상자는 한냉사로 덮어주고, 온실 출입구와 창문에도 방충망을 설치하는 것이 좋으며, 온실 주변의 잡초를 철저히 제거해야 한다. 발생 시에는 메프 수화제, 아바멕틴 유제, 칼탑 수용제 등을 5~7일 간격으로 2~3회 연속으로 약제 방제해야 하지만, 살충제에 대한 저항성을 지니고 있어 전 세계적으로 문제가 되고 있다. 천적인 굴파리좀벌, 잎굴파리고치벌을 활용하기도 한다.

약제로는 클로티아니딘-스피네토람 액상수화제, 인독사카브 액상수화제, 에마멕틴벤조에이트 유제, 벤퓨라카브 입상수화제, 아바멕틴-페나자퀸 액상수화제, 스피네토람 액상수화제, 티아메톡삼 입상수화제, 사이안트라닐리프롤-피메트로진 입상수화제, 아세타미프리드-뷰프로페진 연무제 등이 있다.

⑥ 선충류(線蟲類)

○ 국화잎마름선충(*Aphelenchoides ritzemabosi*)

길쭉한 실 모양으로 몸길이는 0.7~1.2mm 정도이며 투명하다. 머리가 목보다 훨씬 더 넓어 몸과 뚜렷하게 구별된다. 잎 속에 선충이 기생하여 피해를 일으키며 꽃봉오리가 나타날 시기에 그 증상이 나타난다.

25℃에서 암컷은 25~30개의 알을 낳으며 알 기간은 3~4일, 유충 기

간은 9~10일, 1세대의 기간은 10~13일 정도이다. 이 선충의 먹이가 되는 잎의 광합성 영역이 손상되거나 파괴되지 않는 한, 다양한 식물에 있어 감염 가능성은 항상 있다.

땅에 떨어진 감염된 잎이나 말라죽은 잎에서 나온 선충은 잎이나 가지에 수막이 형성되면 그 수막을 타고 이동하여 위쪽 잎으로 올라간다. 그루터기의 휴면이나 생장점에서 월동하여 다음 해 전염원이 된다. 토양보다는 건조한 식물 조직 내에서 생존력이 강하여 건조해지면 정지기 상태로 2년 이상 생존이 가능하다.

피해 증상

잎의 기공을 따라 침입하여 침입 부위에 황색 반점이 생기고 점차 암갈색으로 변한다. 같은 잎에서도 피해 부위와 건전 부위가 뚜렷하게 구별되어 피해 부위는 잎맥을 따라 갈변되며, 심하면 잎 전체가 말라 줄기에 매달려 있게 된다.

피해는 주로 아래쪽 잎에서 나타나기 시작하여 위쪽 잎으로 올라가면서 고사시킨다. 선충은 잎맥 사이를 이동하지 못하므로 증상이 부채꼴 모양으로 나타난다. 그러나 월동 순의 끝부분에 기생하면 새싹의 성장 장해 이외의 여러 증상을 일으키는 분비물을 만들어 내기도 하며, 심하면 잎맥 부분만 남게 된다.

방제

주로 모국(母菊)을 통해 전염하므로 감염이 되지 않은 줄기에서 삽순을 채취하고, 깨끗한 배양토를 사용한다. 도구는 특히 85~95℃에서 30분간 굽거나 쪄서 강력하게 살균하고, 감염이 의심되는 배양토는 선충탄, 모캡 등으로 소독한다.

　피해가 확인되면 바로 피해를 받은 잎을 제거하고, 재배가 종료된 후에는 잔재물과 주변의 잡초를 깨끗이 제거한다. 피해 발생 초기에는 스미치온을 월 2회 정도 살포한다.

○ 뿌리썩이선충(*Pratylenchus* spp.)

　토양에서 서식하다가 뿌리 속으로 침입하여 뿌리에 발육 장해를 준다. 결국에는 뿌리를 썩게 만들어, 지상부는 위축되어 퇴색되며 오래된 잎부터 먼저 시들어 죽는다.

피해 증상

　성충 및 애벌레가 뿌리와 덩이줄기에 침입하여 피해를 준다. 뿌리에 기생하면 2mm 정도의 갈색에서 흑갈색의 아주 작은 줄 반점이 생기

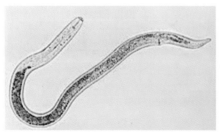

▲ 뿌리썩이선충과 피해를 받은 뿌리[26]

26　출처 https://agric.wa.gov.au/n/3716

고, 점차 병반이 확대되어 뿌리 전체로 퍼진다. 또 선충이 침입한 구멍으로 인해 토양 병원균에 감염되어 피해를 받기도 한다.

방제

일단 토양 내의 밀도가 높아져 피해가 발생하면 방제가 매우 어려우므로 국화를 심기 전에 반드시 토양 소독을 한다. 감염을 예방하기 위해서는 삽수에 사용되는 삽수 용토는 반드시 소독하거나 깨끗한 용토를 사용한다.

약제로는 이미시아포스 입제, 이미시아포스 액제, 포스티아제이트 입제, 비펜트린-노발루론 액상수화제 등이 있다.

병충해 일람표(하우스 재배 기준)

*주의 : 내성을 키우지 않도록 약제를 교대로 사용할 때는 상표명이 아닌 품목명이 다른 약제를 사용해야 한다.

	병해충명	품목명	상표명
1	흰녹병	아족시스트로빈 수화제	균메카, 나타나, 두루두루, 센세이션, 아미스타, 아티스트, 해리티지
		디페노코나졸 유제	내비균, 밀고, 아이템, 에머넌트, 에코카브, 팜존, 푸르겐, 황금알
		디페노코나졸 액상수화제	다이안켓, 로티플, 매직텐트, 아이템, 푸름이
		메프로닐 수화제	논사
		디페노코나졸-폴리옥신디 수화제	뉴리더
		클로로탈로닐-디페노코나졸 액상수화제	단단

병해충명		품목명	상표명
1	흰녹병	페나리몰 유제	동부훼나리
		비터타놀 수화제	리버티, 바이코, 방파제, 아리비타놀
		이미벤코나졸 입상수화제	블랙홀
		카벤다짐-디페노코나졸 입상수화제	블루칸
		트리포린 분산성액제	샤프롤
		디비이디시 유제	산요루
		크레속심메틸 액상수화제	스트로비
		마이클로뷰타닐 수화제	시스텐
		테부코나졸 수화제	실바코, 해모수
		테부코나졸 액상수화제	실바코플러스
		테트라코나졸 유탁제	에머넌트
		트리플록시스트로빈 입상수화제	에이플
		플룩사피록사드 액상수화제	카디스
		피라클로스트로빈 유제	카브리오
		플루퀸코나졸 수화제	카스텔란
		트리플루미졸 수화제	트리후민
		트리플록시스트로빈 액상수화제	프린트
		헥사코나졸 액상수화제	한빛
		크레속심메틸 입상수화제	해비치

병해충명		품목명	상표명
2	점무늬병	피라클로스트로빈 입상수화제	가우스, 골드마스터, 골든밸런스, 금탄, 흥행탄, 피라미드, 프로키온, 카브리오에이
		에트리디아졸- 티오파네이트메틸 수화제	가지란
		아족시스트로빈 액상수화제	골든왕, 균디스, 균메카, 그린비, 나타나, 행운, 프리건, 폴리비전, 투빅, 탑앤탑, 원킥, 오티바, 예츠, 알리바바, 아티스트, 아젠포스, 아미트라, 아미스타, 아너스, 센세이션, 빅펀치, 미라도, 매직탄, 두루두루, 대유아족시, 다승왕
		클로로탈로닐- 크레속심메틸 액상수화제	경탄
		티오파네이트메틸 수화제	과채탄, 균지기, 하이지오판, 지오판, 청양단, 성보지오판
		클로로탈로닐 액상수화제	광살포, 균스타일, 명품샷
		디페노코나졸 수화제	균가네, 흑성-갈반뚝, 핵탄, 푸리온, 푸른탄, 푸름이, 푸르겐, 팜존, 젠토왕, 유틸리티, 아이템, 보가드, 밀고, 매직소, 다이안켓, 내비균
		이프로디온 수화제	균사리, 새노브란, 살균왕, 명작수, 로데오, 대신이프로
		테부코나졸 수화제(유제)	균어택, 호미론, 호리쿠어, 탄부탄, 탄스타, 티메이드, 캐스터, 칸타타, 씰빠꼬뿔, 실크로드, 시크릿
		프로피네브 수화제	균피아, 푸지매, 팜한농프로피, 어바우트, 성보네, 새론
		디페노코나졸-디티아논 입상수화제	그랑프리
		플루퀸코나졸-피리메타닐 액상수화제	금모리

	병해충명	품목명	상표명
2	점무늬병	펜헥사미드– 프로클로라즈망가니즈 수화제	금모아
		아족시스트로빈– 디페노코나졸 입상수화제	길쌈
		피라클로스트로빈 유제(수화제)	카브리오, 사일러스, 블루썬더, 바빌론, 래이피어, 런닝맨, 더블잽
		플루아지남 수화제	후론사이드, 후론스타, 후론골드, 프로파티
		헥사코나졸 액상수화제	헥코졸, 한빛, 푸지매, 쓰리뷰, 삼공헥사코나졸, 멀티샷
		폴리옥신비 수화제	팜한농포리옥신, 영일바이오
		사이프로디닐 입상수화제	유닉스
		티오파네이트메틸 수화제	아리지오판, 신농지오판, 동방지오판
		피리벤카브 액상수화제	선두주자
		시메코나졸 수화제	디펜더
		만코제브 수화제	다이젠엔, 다이센엠45
		코퍼설페이트베이식 수화제	네오보르도
3	흰가루병	아족시스트로빈– 아이소피라잠 액상수화제	썬제트플로라
		트리포린 유제	경농사프롤, 뉴프롤
		페나리몰 수화제	경농훼나리, 동부훼나리
		아족시스트로빈 액상수화제	골든왕, 균디스, 균메카, 그린비, 다승왕, 대유아족시, 두루두루, 매직탄, 미라도, 빅펀치, 아너스, 아젠포스, 알리바바, 예츠, 오티바, 원킥, 탑앤탑, 투빅, 폴리비젼, 프리건, 행운

병해충명		품목명	상표명
3	흰가루병	플루실라졸-크레속심메틸 액상수화제	귀품
		티오파네이트메틸 수화제	균지기, 과채탄, 동방지오판, 삼공지오판, 샹그리라, 성보지오판, 신농지오판, 아리지오판, 지오판, 천양단, 지오판엠, 치호톱, 톱신엠, 팜한농지오판, 하이지오판
		디페노코나졸 유제	내비균, 밀고, 아이템, 에코카브, 팜존
		펜티오피라드-피콕시스트로빈 액상수화제	대승
		폴리옥신비 수용제	더마니
		테트라코나졸 유제	도마크
		보스칼리드-트리플루미졸 수화제	병모리
		메트라페논 액상수화제	비반도
		플룩사피록사드-메트라페논 액상수화제	블루오션, 백마탄
		디비이디시 유제	산요루
		헥사코나졸 액상수화제	삼공헥사코나졸, 멀티샷, 쓰리뷰, 클릭, 한빛, 헥코졸
		사이플루페나미드-헥사코나졸 액상수화제	힌트
		아이소피라잠 유제	새나리
		크레속심메틸 액상수화제	스트로비
4	잿빛 곰팡이병	이미녹타딘트리아세테이트 액제	골드라인, 듀팩, 만병탄, 베푸란, 영일탑, 영파워, 탄부란

	병해충명	품목명	상표명
4	잿빛 곰팡이병	이프로디온 수화제	균사리, 대신이프로, 로데오, 로브랄, 명작수, 살균왕, 새노브란, 인바이오이프로, 잿빛곰팡이마름뚝
		카벤다짐.디에토펜카브 수화제	깨끄탄
		프로사이미돈 수화제	너도사, 사이미돈, 스미렉스, 영일프로파, 인바이오프로파, 초그만, 팡이탄, 팡자비, 팡청소, 프로팡
		카벤다짐-메파니피림 액상수화제	늘존
		플루디옥소닐 수화제	메달리온
		이미녹타딘 트리스 알베실레이트 수화제	벨쿠트
		보스칼리드-플루디옥소닐 액상수화제	에스원
		펜헥사미드-테부코나졸 액상수화제	타이브렉
		메파니피림 액상수화제	팡파르
		펜피라자민 입상수화제	펜피라
5	뿌리 썩음병	하이멕사졸 액제	경농다찌가렌, 다찌가렌골드, 다찌원, 팜한농다찌가렌
		사이아조파미드 액상수화제	기습, 롬멜, 미리카트, 코드업, 파인더, 포카드
		코퍼설페이트베이식 수화제	네오보르도
		다조멧 입제	다조맥스, 밧사미드, 부농왕, 크린쏘일
		메탈락실 입제	도미노, 리도밀동, 삼공메타실, 새메타실, 원피스, 해가든

병해충명		품목명	상표명
6	목화 진딧물	비펜트린 수화제	강써브, 기대주, 떼부자, 충에짱
		아세페이트 수화제	경농아시트, 멸충탄, 모두다, 블루킬, 진디충, 중앤드, 플라잉, 희세탄
		뷰프로페진- 이미다클로프리드 입상수화제	깍지대왕
		이미다클로프리드 입상수화제	노나리, 베테랑, 아리이미다, 젠토래피드킬, 진스탑
		아세타미프리드- 스피네토람 액상수화제	당찬
		아바멕틴-페나자퀸 액상수화제	돌직구
		클로르피리포스메틸 유제	렐단
		알파사이퍼메트린 유제	만렙, 메가패스, 명쾌탄, 바이엘알파스린, 화스락
		아세타미프리드- 인독사카브 수화제	맹타
		사이안트라닐리프롤- 피메트로진 입상수화제	메인스프링플로라
		아세타미프리드 입제	모스피란
		아세타미프리드- 플루페녹수론 수화제	모카스
		이미다클로프리드- 람다사이 할로트린 수화제	모히칸
		아세타미프리드 직접살포액제	벌레왕
		디노테퓨란 입상수용제	보스
		플로니카미드- 설폭사플로르 입상수화제	빅스톤

병해충명		품목명	상표명
6	목화 진딧물	비펜트린-클로티아니딘 액상수화제	빗장
		플로니카미드 입상수화제	세티스, 헥사곤
		아세타미프리드 액제	신엑스
		티아메톡삼 입상수화제	아타라
		이미다클로프리드 입제	오페라, 코니도, 코모도, 크로스
		에스펜발러레이트 유제	적시타
		티아클로프리드 액상수화제	칼립소
		클로티아니딘 입제	코뿔소
		설폭사플로르 액상수화제	트랜스폼
		피리플루퀴나존 액상수화제	팡파레이스
		티아메톡삼 입상수화제	플래그쉽
		델타메트린-프로페노포스 유제	한방
		플로니카미드 입상수용제	헥사곤
7	국화꼬마 수염 진딧물	클로르피리포스- 알파사이퍼 메트린 유제	강타자, 울버린, 태사자골드
		클로티아니딘 수화제	세시미
8	점박이 응애	아세퀴노실 액상수화제	카네마이트
		아바멕틴 유제	겔럭시, 도니온, 돌보미, 레딧고, 로멕틴, 마니팜, 버클리, 버티맥, 빅캐넌, 선문이응애충, 슈퍼캐치, 쏘렌토, 아라베스크, 아바멕킬, 아바킹, 안티멕, 에코멕틴, 올스타, 올웨이즈, 응애특급, 이글원, 인텍스, 줌마샷, 충다이, 큐멕틴, 프라도, 하이원

병해충명		품목명	상표명
8	점박이 응애	에마멕틴벤조에이트 유제	네이팜, 닥터팜, 동작그만, 리치팜, 리치팜플러스, 말라타, 맥스팜, 메가히트, 메카, 모스파워, 브리핑, 쎈풍, 쓸이충, 아리에이블, 압사충, 에마킹, 에마팜, 에이팜, 에코골드, 올킹, 워록, 제트팜, 충펀치, 카이노바, 코난, 킹팜골드, 타미칸, 트라제
		아바멕틴-페나자퀸 액상수화제	돌직구
		밀베멕틴 유제	밀베노크, 솔백신
		클로르페나피르-사이 에노피라펜 액상수화제	선캡
		사이에노피라펜 액상수화제	쇼크
		비페나제이트 액상수화제	아크라마이트
		비페나제이트-피리다벤 액상수화제	완봉
		사이플루메토펜 분산성액제	응원
9	꽃노랑 총채벌레	레피멕틴 유제	검투사
		에마멕틴벤조에이트 유제	네이팜, 동작그만, 말라타, 맥스팜, 메가히트, 메카, 모스파워, 브리핑, 쓸이충, 에마킹, 에마팜, 에이팜, 에코골드, 제트팜, 충펀치, 카이노바, 코난
		아세타미프리드- 스피네토람 액상수화제	당찬
		벤퓨라카브 입상수화제	더원
		디노테퓨란-스피노사드 입상수화제	디스핀
		클로르페나피르- 클로티아니딘 액상수화제	스트라이크
		아세타미프리드 액제	신엑스
		에마멕틴벤조에이트 액제	싸피아

	병해충명	품목명	상표명
9	꽃노랑 총채벌레	이미다클로프리드- 스피네토람 액상수화제	킬러탄
		에마멕틴벤조에이트 입상수화제	킹팜
		뷰프로페진-티아메톡삼 액상수화제	킬충
		티아메톡삼 입상수화제	플래그쉽
10	대만 총채벌레	이미다클로프리드 수화제	뜨물탄, 래피드킬, 비리아웃, 아리이미다, 코니도, 코르니, 코사인, 타격왕, 트랙타운
		클로르피리포스-비펜트린 수화제	질풍
		비펜트린-클로르페나피르 수화제	파발마
11	아메리카 잎굴파리	클로티아니딘-스피네토람 액상수화제	금관총
		인독사카브 액상수화제	나방카트, 막아촘촘, 블랙폭스, 스튜어드울트라, 종결자, 킬버튼, 트랩킹
		에마멕틴벤조에이트 유제	네이팜, 동작그만, 말라타, 맥스팜, 메가히트, 메카, 모스파워, 브리핑, 쓸이충, 에마킹, 에마팜, 에이팜, 에코골드, 제트팜, 충펀치, 카이노바, 코난
		벤퓨라카브 입상수화제	더원
		아바멕틴-페나자퀸 액상수화제	돌직구
		사이안트라닐리프롤- 피메트로진 입상수화제	메인스프링플로라
		아세타미프리드- 뷰프로페진 연무제	바람탄에어
		스피네토람 액상수화제	엑설트
		티아메톡삼 입상수화제	플래그쉽

병해충명		품목명	상표명
12	파밤나방	에마멕틴벤조에이트- 루페뉴론 입상수화제	가이던스
		비펜트린 수화제	강써브, 검투사, 기대주
		피리달릴-테부페노자이드 유현탁제	골드러쉬
		에마멕틴벤조에이트- 인독사카브 수화제	골리앗
		클로르페나피르 유제	그린빌
		에마멕틴벤조에이트- 플로니카미드 입상수화제	기대찬
		람다사이할로트린- 루페뉴론 유제	길라자비
		클로란트라닐리프롤- 설폭사플로르 액상수화제	나노진
		루페뉴론 유제	나방스타
		인독사카브 액상수화제	나방카트
		에마멕틴벤조에이트 유제	네이팜
		테플루벤주론 액상수화제	노몰트
		클로란트라닐리프롤 정제상수화제	눈깜짝
		스피네토람- 티아클로프리드 액상수화제	눈부신
		플룩사메타마이드 유탁제	다트롤
		에마멕틴벤조에이트 유제	닥터팜, 동작그만
		아세타미프리드- 스피네토람 액상수화제	당찬
		메톡시페노자이드 액상수화제	런너
		사이클라닐리프롤 액제	라피탄
		인독사카브 입상수화제	라이트온, 더슬램

	병해충명	품목명	상표명
12	파밤나방	플룩사메타마이드- 메타플루미존 유제	라이징
		노발루론 액상수화제	라이몬
		아바멕틴-스피네토람 액상수화제	더블킥
		클로티아니딘- 플루페녹수론 액상수화제	더블포인트
		델타메트린 유제	데스타, 데스플러스, 데시스, 델타시스
		스피네토람 입상수화제	델리게이트
		에토펜프록스 유제	델타포스, 드론
		비펜트린 수화제	떼부자
		클로르페나피르- 메타플루미존 유제	라스트원
13	뿌리썩이 선충	이미시아포스 입제	네마킥
		이미시아포스 액제	네마킥
		포스티아제이트 입제	선충탄
		비펜트린-노발루론 액상수화제	다이몬파스트
14	국화 하늘소	아세타미프리드 액제	가드키, 마스그림
		펜토에이트 유제	경농파프, 엘산, 충자비
		페니트로티온 유제	기개세, 새매프, 슈라치온, 스미치온, 팜한농메프치온

＊참고자료 : 농사로 http://www.nongsaro.go.kr/portal/

⑨

묘(苗) 만들기

대국 재배에 사용하는 묘(苗)는 보통 삽수(揷樹)로 만드는데, 그 묘가 좋고 나쁨에 따라 그 이후의 생육 상태가 크게 좌우되므로, 국화 재배를 처음 시작하는 경우에는 특히 좋은 묘를 입수하는 것이 중요하다.

국화 재배 입문 시에는 어쩔 수 없이 지인을 비롯한 외부로부터 묘를 입수할지라도 결국에는 자신의 손으로 묘를 만들게 되는데, 자신의 손으로 삽수해서 만든 묘는 적기(適期)에 바로 화분에 옮겨 심을 수 있으므로 그만큼 성장이 좋다.

모국(母菊) 준비와 관리법

삽순을 받아낼 모국(母菊)을 되도록 빨리 확보한다. 늦어도 3월 말까지는 확보하는 것이 좋다. 전년도에 키우던 화분인 경우는 꽃이 지면 줄기를 화분 윗면에서 20cm 정도 남겨 놓고 잘라주고 건조비료를 시비하여 튼튼한 월동 순이 나오도록 유도한다. 10월 전시장이나 국화재배자로부터 입수한 품종은 7호 정도의 화분에 심어 놓고 비료를 주면서 튼튼하게 키운다.

▲ 월동 순이 나온 것은 가지 밑동에서 자른다.

▲ 월동 순이 나오지 않은 것은 가지 위쪽에서 자른다.

● 뿌리가 붙은 모국을 입수한 경우에는 7호 화분에 심는데, 화분 중간 깊이의 화분 벽 쪽 3곳에 기비로써 건조비료를 넣는다. 심고 5~6일 지나면 건조비료를 시비한다. 심은 지 10일 정도 지나면 뿌리가 활착하여 활발하게 영양분을 빨아올린다.

● 화분으로 모국을 입수한 경우, 뿌리가 화분에 찼을 때는 한 단계 큰 화분에 옮겨 심고 건조비료를 시비한다.

● 월동한 전년도 화분을 입수한 경우에는 지하경이 화분 언저리로 뻗어 화분 가에서 나온 월동 순 중에서 튼튼한 것 몇 개만 남기고 나머지는 제거해서 통기성과 채광성을 높여주고, 건조비료를 시비한다.

참고로 건조비료의 시비(施肥)는 화분 언저리를 삼등분으로 나눈 3곳에 적당량을 흐트러뜨리지 말고 모아서 시비하는 것이 좋다. 건조비료는 약 20일 정도 지나면 비료기가 없어지므로 시비한 지 21~23일이 지나면 다시 시비해야 하는데, 두 번째 시비는 첫 번째 시비했을 때 삼등분으로 나눈 곳을 다시 삼등분 하여 우측으로 1/3 가량 이동한 곳에 시비한다. 세 번째 시비는 두 번째 시비와 마찬가지로 동일 간격 만큼 우측으로 이동한 지점에 시비한다.

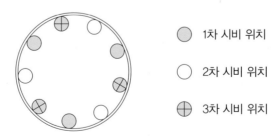

◯ 1차 시비 위치

◯ 2차 시비 위치

⊕ 3차 시비 위치

▲ 추비 위치

뿌리가 활착하여 국화가 힘을 받아 정상적으로 성장하기 시작한 후에 적심(摘芯)하면 튼튼하고 고른 옆 순을 받아낼 수가 있다. 적심이란 국화 순의 맨 끝 부위를 잘라내서 성장점을 제거하는 것을 말한다. 뒤에서 설명이 나오지만, 적심 요령은 가능한 작은 부위를 잘라내면서도 확실하게 성장점을 제거해주면 되는데, 성냥 알 크기 정도로 잘라낸다고 생각하면 된다. 삽수 예정일로부터 50일쯤 전에 1차 적심, 25일 전에 2차 적심을 해주면 튼튼하고 많은 삽순을 얻을 수 있다.

5호 화분에 심은 모국이 정상적으로 성장할 경우 30일 정도 지나면 뿌리가 화분 안에 꽉 차게 되므로 큰 화분으로 이식을 해주어야 뿌리가 정상적으로 자라 튼튼한 묘를 얻을 수 있다. 5호 화분으로의 가식 및 7호 화분으로의 정식 또는 8~10호 화분으로의 정식에 대해서는 정식(定植)에 관한 파트에서 자세히 기술하였다.

삽수 시기

대국은 여러 재배 방법이 있는 데다가 같은 재배 방법에서도 성장 특성이 다른 여러 품종이 있어서 삽수 시기는 4월 초순에서 7월 초순 사이로 넓다.

즉, 품종에 따라 성장 속도가 빠른 장간(長幹), 보통인 중간(中幹) 느린 단간(短幹) 등이 있어 성장 속도에 따라 삽수 시기를 조절할 필요가 있다. 또한, 같은 품종이라도 재배하는 방법에 따라 삽수 시기가 달라진다.

성장 속도 및 재배 방법에 따른 삽수 시기

생육 상태	7간작	3간작	달마	복조
단간(短幹)	4월 15일경	5월 1일경	6월 12일경	7월 12일경
중간(中幹)	4월 24일경	5월 12일경		
장간(長幹)	4월 30일경	5월 20일경	6월 20일경	7월 20일경

*주 : 7간작, 3간작은 스트레이트 재배 기준

삽수 방법

국화 삽수는 쉽고 간단한 작업이지만, 국화 재배의 첫 단계이므로 좋은 묘를 얻기 위해 신중히 작업할 필요가 있다. 삽수 상자는 삽수 하루 전에 삽수 용토를 채우고 충분히 물을 뿌려서 용토에 물기가 골고루 스며들게 한다.

삽수 상자의 준비 : 삽수 상자는 바닥에 촘촘한 구멍이 있어 배수성이 좋은 시판 플라스틱 삽수 상자가 사용하기 편리하나, 6~8cm 정도 깊이의 발포 스티로폼 상자 밑면에 배수 구멍을 내서 사용해도 무난하다. 삽수 용토로는 보수성과 통기성이 좋은 파미큐라이트 대립(大粒)이 무난하나, 없으면 산모래를 사용해도 좋다.

모국에서 삽수에 쓸 굵고 튼튼한 삽순(국화 순)을 6~7cm 길이로 꺾어 와서 물을 넣은 용기에 넣고 30분 이상 물 올리기를 한다. 물에는 식물 활성제를 약하게 희석해서 주면 효과적이다. 그 사이에 삽수하는 국화 이름을 라벨에 유성펜으로 적어 둔다.

▲ 굵고 튼튼한 순을 삽순으로 한다.

　물 올리기를 마친 순은 하나씩 꺼내서 커터칼로 4~5cm 정도가 되게 끔 단면을 직각으로 잘라준다. 이때, 가능한 한 잎이 붙어있는 곳에서 1mm 아래 부분을 잘라주는 것이 좋다. 맨 밑의 잎을 떼어버리고 삽수하면, 그 잎이 붙었던 곳에서 발근(發根)이 잘 되기 때문이다. 필자의 경우 좀 더 튼튼한 묘를 만들기 위해 삽수 전에 자른 단면에서 3mm 정도 윗부분을 날카로운 칼끝으로 긁어 상처를 입혀서 보다 많은 뿌리가 나오도록 한다.

　발근제를 진하게 물에 풀어 자른 면에 묻힌 뒤 나무젓가락으로 눌러서 만든 깊이 2~2.5cm의 구멍에 넣고 그 주변을 양손의 인지와 중지로 꽉 눌러준다. 삽수의 간격은 가로 3cm×세로 3cm 정도가 적당하다. 한 품종의 삽수가 마무리되면 품명과 삽수 날짜가 적힌 라벨을 줄 양 끝에 꽂아주고, 다음 품명을 삽수한다. 이때 한 품명의 삽수를 마치고 그 줄에 삽수할 공간이 남더라도 다른 품종을 삽수하지 말고 남겨두는 것이 좋다. 자칫 품명이 섞여서 이름이 바뀔 가능성이 대단히 크기 때문이다.

① 삽수 하루 전에 물을 충분히 뿌려둔다.

② 6~7cm 정도로 자른 삽순을 물속에 담가 30분 정도 물 올리기를 한다.

③ 길이 4~5cm 정도로 단면을 깨끗하게 자르고, 잎을 정리한다.

④ 소독저로 눌러서 만든 구멍에 삽순을 꽂아 넣고 그 주변을 인지와 중지로 꽉 눌러준다. 품명을 적은 라벨을 꼽는다. 라벨은 같은 품종의 시작 위치와 끝나는 위치에 꽂아두면 품종을 확실히 구분할 수 있다. 후국과 관국은 발근 일수에 차이가 나므로 삽수 상자를 따로 준비하는 것이 좋다.

삽수 후의 관리

삽수를 마치면, 물뿌리개로 조심스럽게 물을 뿌리고 물이 빠지는 것을 기다려 통기가 잘되는 밝은 곳에 놓고 관리를 한다.

매일 아침에 물뿌리개로 물을 주고, 처음 4~5일간은 햇볕을 받으면 잎을 통한 수분 증발량이 많아져서 시들기 쉬우므로 아침 햇살 이외에는 차광망 등으로 차광을 시켜주거나 음지로 옮겨주면 좋다. 6일째부터는 서서히 정오까지 햇볕에 노출되는 시간을 늘려주어 발근을 재촉한다. 낮에 약간 시들어도 해가 진 저녁쯤이 되어 싱싱함이 회복할 정도면 괜찮다. 10일 정도부터는 온종일 햇볕에 두는 것이 발근을 촉진하며, 삽수 후 18~23일 정도 지나면 5호 화분에 가식할 정도로 뿌리가 나온다.

▲ 프레임으로 조그마한 삽수 온실을 만들어 보온과 햇빛 양을 조절하여 발근을 촉진한다.

가식(假植)

삽수 상자의 관리가 정상적으로 이루어지면 후국인 경우, 삽수 후 약 20일 정도에 묘를 삽수 상자에서 꺼내서 5호 화분에 가식할 수 있다. 이때 많은 재배자가 실수하는 것이 뿌리가 5~6cm 정도 자란 것을 좋은 묘(苗)라고 생각한다는 점이다. 뿌리가 5~6cm 자랄 때까지 비료기가 없는 삽수 상자

▲ 가식 작업 모습

에 두면 마치 콩나물처럼 자라서, 줄기가 단단해지므로 좋은 묘가 되지 못한다. 화분으로 옮겨 심을 적당한 뿌리 길이는 1.5~2cm 정도이므로, 삽수 후 19일째 정도부터는 삽수를 뽑아서 뿌리의 길이를 확인하는 것이 중요하다. 대체로 관국(管菊)이 후국(厚菊)보다 3일 정도 발근이 늦다.

가식(假植)에 사용하는 화분은 후국, 관국 구분 없이 5호 화분이 적당하다. 간혹 3.5호 화분에 가식하는 사람도 있으나, 필자의 경험상 별 유리한 점을 찾지 못하였고, 오히려 시간과 노력 및 경비가 더 들 뿐이었다.

뿌리가 묘(苗) 단면의 사방으로 골고루 나오지 않았거나 나온 뿌리의 수가 적은 묘는 좋은 묘가 아니다. 특히 한쪽으로만 뿌리가 나온 묘는 나쁜 묘이므로 버리는 것이 좋다. 가지가 굵고 부드러우며 뿌리도 굵고 사방으로 균형 있게 많이 나온 것만 골라서 화분에 심는다.

가식 방법

화분 바닥의 배수구가 큰 화분인 경우는 그곳에 망을 놓고, 망 위에 땅콩 껍데기나 잔가지 등을 2cm 정도 깔아 배수구를 통한 화분 바닥으로의 통기성을 확보한 다음, 배양토를 화분 깊이 1/3 정도 넣고 3×4cm 정도의 나무막대로 두들겨 눌러 다진다. 화분 깊이의 1/2 정도 되는 위치의 화분 안쪽 둘레를 삼등분한 3곳의 화분 안쪽 벽에 적당량의 건조 비료를 놓고 다시 배양토를 넣은 뒤 나무막대로 두들겨 다진다.

화분 위에서 5cm 정도 밑까지 배양토를 다져 넣은 뒤, 약간 봉긋하게 올라온 화분 중앙에 묘(苗)를 놓고 뿌리 사이로 나무젓가락 한 개를 세운 뒤, 배양토를 넣고 손가락으로 뿌리가 다치지 않을 정도로 눌러주어 묘(苗)를 고정한다. 이때 뿌리가 없는 화분 언저리 부분의 배양토는 엄지손가락이나 나무막대로 눌러 단단히 다져준다.

심는 것이 끝나면 묘와 나무젓가락을 신축성 비닐 테이프로 묶어서 줄기가 곧게 자라게 해주며, 운반할 때나 바람에 흔들리지 않도록 하여 뿌리가 활착하는 데 지장이 없도록 한다. 끝으로 품종 이름과 가식 날짜를 기재한 라벨을 꼽는 것으로 마무리한다. 라벨 꼽는 것을 잊어버리면 품명을 몰라 화분을 버리게 되므로 잊지 않도록 조심한다.

식재가 끝났으면 가는 물뿌리개로 화분 중앙 부분의 뿌리가 심겨있는 부분에 물을 두세 차례에 나누어 조금씩 준다. 아직은 뿌리가 중앙 윗부분에만 있으므로 화분 바닥까지 물이 나올 정도로 주어 영양분이 씻겨 나가게 할 필요는 없다. 필자는 페트병 병마개 중앙에 못으로 구멍을 낸 1.8리터 페트병에 물을 넣고 누르면 가는 물이 나오게 하여 가식 후 물주기에 사용한다.

① ② 배양토와 화분 및 가식 도구를 준비한다.

③ 화분에 배양토를 넣고 나무막대로 다진다.

④ 화분 깊이의 반 정도까지 배양토를 다져 넣는다.

⑤ 120도 각도로 화분 언저리 3곳에 건조비료를 넣는다.

⑥ 그 위에 배양토를 넣고 다시 막대로 화분 위에서 5cm 깊이까지 다진다.

⑦ 삽수 상자에서 포크 등을 이용해 묘를 조심스럽게 꺼낸다. 이 정도 뿌리 상태가
　가식의 적당한 시기다.

⑧ 묘를 중앙에 놓는다.

⑨ 배양토를 넣어가며 엄지손가락으로 화분 언저리 부분은 세게 눌러 다지고, 뿌리
　가 있는 중앙 부분은 가볍게 다진다.

⑩ 뿌리가 위치한 화분 중앙 부분을 위주로 물을 준다.

⑪ 품명이 적힌 라벨을 꽂고 3곳에 건조비료를 준비한다.

⑫ 끝이 뾰족한 나무젓가락을 꽂고 묘를 묶어 흔들리지 않게 한다.

가식 후의 관리

가식 후 1~2일 동안은 아침햇살만 드는 반그늘에 놓아 묘가 시들지 않게 해주고, 그 이후는 시간을 늘려가며 온종일 햇볕을 맞도록 한다. 가식 후 바로 시비를 안 했으면, 가식 5일 정도에 건조비료를 3곳에 시비한다. 물은 하루 한 번 아침에 가는 물뿌리개로 화분 밑에서 물이 약간 나올 정도로 준다.

▲ 파랫트나 지면을 평평하게 하고 깐 시트 위에 놓는 것이 좋다.
화분이 한쪽으로 기울어지면 뿌리의 발육도 한쪽으로 기울게 된다.

적심(摘芯)

적심은 3간작(幹作), 7간작(幹作) 및 달마 재배 등의 다간작(多幹作) 재배의 기본이 되는 작업으로 1개의 원가지에서 성장점을 없애서 2개 이상의 옆 가지를 받아내기 위해서 하는 작업이다. 국화 재배에 있어 묘 만드는 삽수에 이은 두 번째로 중요한 작업이나, 시력이 심하게 나쁘지 않으면 그리 어려운 작업은 아니다.

묘(苗)를 5호 화분에 올려 심은 지 5일 정도가 지나면 뿌리가 활착하고 사방으로 뻗어나가 영양분을 빨아들이므로 국화도 성장점에서 새순을 내면서 힘차게 자라기 시작한다. 10일 정도 지나면 잎 수도 8~9장 정도가 되는데 이때가 적심 시기이다. 국화가 힘차게 자라기 전에 적심을 하면 받아낸 옆 가지 사이에 생장 속도의 차이로 신장 차이가 심해지고 꽃의 개화 시기 및 크기에도 차이가 생겨 좋은 작품을 만들기 어렵다.

적심은 성장점을 잘라내어 더 이상의 성장을 인위적으로 막는 작업이다. 성장점을 제거하여도 뿌리의 활동으로 영양분이 계속 공급되므로 원가지와 거기에 붙은 잎 사이에서 옆 가지가 나오게 된다. 옆 가지의 성장 상태는 맨 위의 잎에서 나온 가지가 가장 성장이 좋으며, 아래쪽

▲ 핀셋 적심　　　　▲ 적심한 상태　　　　　▲ 적심 후 옆 순 성장

잎으로 내려갈수록 성장이 약해진다.

　3간작에 있어 맨 위의 잎에서 나온 가지를 천(天), 두 번째 잎에서 나온 가지를 지(地), 3번째 잎에서 나온 가지를 인(人)이라 하는데, 전시회에 출품할 때는 3가지의 신장도 천지인의 순서로 되어야 하며, 5cm 이상 차이가 나면 결점이 된다.

　성장점의 제거 방법은 핀셋이나 손톱으로 성장점을 따내거나 나무 이쑤시개로 등으로 밀어서 성장점을 꺾어내면 된다. 적심 부위를 크게 잘라내면 성장점을 완벽하게 잘라낼 수 있지만, 천지인 사이의 절간이 길어져 천지인 사이의 신장 차이가 더 벌어지고 성장 세력 차이도 심해지므로 가능한 한 조그맣게 적심하는 것이 좋다. 필자의 경우는 엄지와 인지의 손톱으로 성장점을 잘라내는 방법을 쓰는데, 경험상 100개 적심하면 4~5개의 적심 불량이 발생한다.

2차 적심

　적심이 제대로 되지 않은 것을 그대로 내버려 두면, 옆 순은 나오지 않고 원순이 반 이상 잘린 상태로 계속 성장하므로, 적심 3~4일 후에 한 화분 한 화분 살피면서 올바르게 적심되지 않은 화분은 2차 적심을 해주어야 한다. 2차 적심은 1차 적심 때 보다 훨씬 쉽게 할 수 있다.

① 성장점을 완전하게 잘라내지 않아 옆 순이 나오지 않는 상태

② 2차 적심을 통해 성장점을 완전히 제거한 상태로 1차 적심 화분보다 옆 순 나오

는 것이 늦어진다.

🌼 참고사항

품종에 따라서는 적심을 잘했어도 천(天)이 지(地)보다 약하게 나오거나 지가
인보다 약하게 나오는 경우가 있으며, 특히 초장간(超長幹) 품종에서는 천지인
사이의 절간(節間)도 넓게 벌어지므로 작품성이 크게 떨어진다. 성장억제제인
B-9을 900배 정도로 해서 가볍게 살포하고 2, 3일 후에 적심하면 이러한 문
제를 크게 개선할 수 있다.

▲ 천, 지와 인 사이의 간격이 넓다.　　▲ 천지인의 성장 차이가 너무 심하다.

적심 후 관리

적심을 정상적으로 하였어도 천지인의 옆 순이 항상 고르게 나오지는 않으며, 어떤 품종은 옆 순이 안 나올 때도 있다. 이런 경우는 손질을 통하여 천지인의 가지를 조정해 주어야 한다.

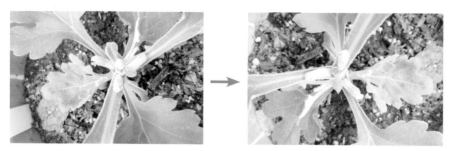

▲ 잎이 완전하지 않은 곳에서 나온 옆 순을 제거한 상태

▲ 잎이 없는 곳에서 나온 천 가지를 없애면 인 가지가 이상해지므로 위로부터 세 옆 순을 모두 제거하여 조정한 상태

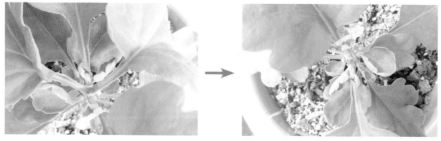

▲ 옆 순이 나오지 않은 위쪽 두 잎을 제거하여 조정한 상태

가지 정리

적심하고 시일이 지나면 옆 가지가 힘차게 자라나오는데, 보통 4~5개의 옆 가지가 나온다. 위쪽의 3가지는 아주 튼튼하나 그 밑에서 나온 가지는 비교적 약하다. 3간작 재배는 위의 3가지만 이용하므로 위의 3가지만 남겨두고 나머지는 제거하여 영양분이 3가지로 집중하도록 해준다.

재배자에 따라서는 4번째 가지를 예비로 남겨두어 정지(整枝)할 때의 굽히기 어려운 천(天)의 가지가 부러지는 것을 대비하기도 하는데, 자르지 않고 남겨 놓은 만큼 영양은 분산된다.

▲ 위로부터 4번째 가지까지만 남기고 옆 순을 제거하거나
3번째 가지까지만 남기고 옆 순을 모두 제거한다.

⑬

가지 유인(整枝)

5호 화분에 가식(假植) 후 1개월이 지나면 가지가 20cm 이상으로 성장하고 뿌리가 화분에 꽉 차게 되어 큰 화분으로 정식(定植)하는 시기가 된다. 가지 유인작업은 5호 화분에서 해도 좋고, 8호나 9호 화분으로 정식한 후에 해도 좋은데, 빨리 성장한 것부터 가지 유인을 시작한다.

가지 유인작업은 국화의 성장이 양호하여 국화 뿌리가 5호 화분에 꽉 차서 뿌리가 더 뻗어나가기 어려운 상태에 있으면, 바로 8, 9 또는 10호 화분으로 정식한 후에 유인작업을 한다. 사실 가지를 유인하여 이식하는 작업은 한 화분당 1시간 정도 걸리므로 재배하는 화분 수가 많으면 이식 후에 유인작업을 하게 되는 경우가 많은데, 가지 유인작업이 늦으면 굵게 성장한 가지가 굳어져서 굽히기 어려우며, 자칫 부러뜨리기 쉽다.

필자의 경우, 가지를 굽히며 유인작업을 할 때 유인하려는 가지에 2.5~3mm 정도 굵기의 알루미늄선을 가지의 형상에 맞추어 빈틈이 없이 붙이고 비닐 테이프로 알루미늄선과 가지를 함께 감은 뒤, 끝을 풀리지 않게 가볍게 묶은 다음 큰 화분으로 옮겨심고, 세 개의 지주를 세운 뒤에 각 지주 쪽으로 천지인에 해당하는 가지를 유인해 간다. 유인 방법은 롱로이즈

▲ 5호 화분 상태에서 유인한 모습. 5호 화분이 들어가 있는 큰 화분은 정식을 할 9호 화분

로 굽히려는 부분의 알루미늄선을 집어 고정한 뒤 가지를 굽히면서 유인한 뒤 지주에 알루미늄선을 감아 고정하고, 알루미늄선과 분리된 가지는 지주 위쪽으로 약간 비틀어 굽혀 올리며 남아 있는 비닐 테이프로 감아 묶는다.

• **알루미늄선 대기** : 지름 2.5~3mm, 길이 35cm 정도의 알루미늄선을 굽히려고 하는 가지 쪽 원가지 가까이 배양토에 1cm 정도 깊이로 꽂고, 가지가 갈라지기 직전까지 원가지의 형태와 비슷하게 굽힌 다음, 원가지에서 갈라져 나온 굽히려는 옆 가지의 형상과 같은 형상으로 알루미늄선을 굽힌다. 원가지 및 굽히려는 옆 가지

▲ 알루미늄선을 원가지와 굽히려는 가지의 굽은 형태에 맞추어 굽힌다. (사진에서는 알루미늄선을 촬영을 위해 일부러 약간 위로 올린 것으로 2mm 정도 내리면 딱 맞는다.)

에 붙여서 가지와 알루미늄선 사이에 가능한 틈이 없도록 굽히는 것이 요령이다. 틈이 벌어질수록 가지를 굽힐 때 힘의 분산이 안 되고, 벌어진 부분에 힘이 집중되어 가지가 부러질 가능성이 커지기 때문이다.

• 비닐 테이프 감기 : 알루미늄선을 원가지와 옆 가지의 굽은 형태에 맞추어 굽혔으면, 가지에 밀착시키고 원가지 밑쪽에서부터 비닐 테이프로 감아올려 옆 가지 끝 조금 전까지 감는다. 이때 원가지에서 옆 가지로 갈라지는 부분을 단단히 묶지 않으면 옆 가지가 원가지에서 찢어지기 쉬우므로 주의가 필요하다. 또한, 옆

▲ 가지와 가지의 형상으로 굽힌 알루미늄선을 접목 테이프로 감는다.

가지가 나온 원가지에 붙은 잎은 옆 가지가 성장하는데 소중한 잎인데, 작업할 때 떨어뜨리기 쉬우므로 조심해야 한다. 유인을 마친 후 4일 정도 지나 비닐 테이프를 풀어주어야 비닐이 굵어지는 국화 가지를 파고들지 않는다. 필자의 경우, 과수나 원예나무 접목할 때 사용하는 신축성이 큰 접목 테이프를 사용한다.

• 가지 유인 : 테이프 감기를 마쳤으면, 롱로이즈로 굽히고자 하는 부분의 아랫부분에 감겨있는 알루미늄선을 집어서 단단히 고정하고 윗부분의 알루미늄선을 손으로 잡아서 지주 쪽으로 유인하며 굽힌다.

• 지주에 고정하기 : 지주까지 가지 유인이 완료되면 천 · 지 · 인의 순서로 가지의 신장 차이가 비슷하며 거꾸로 되지 않도록 가지를 약간 당기거나 밀어서 조정한 다음 비닐 테이프를 지주 2cm 전까지 풀어서 알루미늄선을 지주에 감아 고정한다. 가지가 완만한 경사로 지주까지 와서 고정된 다음 지주를 따라 위로 꺾어지는 위치는 화분 언저리에서 8cm 정도 위가 적당하다.

▲ 비닐 테이프로 감아 굽힌 가지를 지주에 굽혀 올려 묶는다.

　알루미늄선을 지주에 감을 때는 위쪽이 아닌 아래쪽으로 감는 것이 나중에 비닐 테이프와 알루미늄선을 제거할 때 편리하다. 알루미늄선을 지주에 고정하는 작업이 끝나면 알루미늄선으로부터 독립된 국화 가지를 살짝 비틀면서 지주 쪽으로 올려붙이면 어렵지 않게 지주 방향으로 가지를 굽힐 수 있다. 굽히는 것이 끝나면 신축성 있는 테이프로 묶어준다.

　가지를 지주 쪽으로 유인해서 지주를 따라 위로 성장해가는 위치는 관람자가 보았을 때, 천(天)·지(地)·인(人) 가지 모두가 지주 앞쪽으로 와서 지주를 가릴 수 있도록 배치한다. 지와 인은 화분 언저리까지 가서 지주를 따라 위로 굽지만, 천은 화분 언저리 약 2cm 전에서 지주 안쪽을 따라 위로 휘어 올라가므로 신장이 2cm 정도 커지게 되어 같은 크기라도 유인을 마치면 자연스럽게 지·인보다 커지게 된다.

▲ 지주에 세우는 천·지·인 가지의 위치

정식(定植)

가식한 화분에서 일정 시일이 지나 뿌리가 화분 안에 꽉 차게 되면 뿌리 발육에 지장을 초래하므로, 꽃을 피울 화분에 정식을 한다. 5호 화분에 가식한 경우, 약 1개월 후가 정식 시기가 된다.

정식 화분의 크기는 다음과 같이 하는 것이 일반적이다.

재배작별 화분 크기

작품 종류	화분 크기
7간 후국	10호 화분
7간 관국	9호 화분
3간 후국	9호 화분
3간 관국	8호 화분
달마	7호 화분

이렇게 재배 방법에 따라 화분 크기가 정해져 있는 것은 배양토의 양과 그에 따라 뿌리의 발육을 적당하게 조정하여 크고 순한 꽃을 피우기 위함이다. 피우려는 꽃의 수보다 화분이 작으면 큰 꽃피울 수 없으며, 반대로 화분이 크면 영양이 과다하여 순한 꽃을 피우기 힘들고 꽃잎의

부품이 적어져 오히려 꽃이 작아진다. 또한 관국(管菊)은 후국(厚菊)보다 생리상 영양이 적어야 하므로 한 호 작은 화분을 사용하는 것이다. 그러나 간혹 품종에 따라서는 후국만큼 영양을 많이 필요로 하는 품종도 있어 품종의 특성을 살펴보고 재배하는 것이 필요하다.

• 정식방법 : 정식에 쓰는 화분의 배수 구멍이 큰 경우, 망을 놓아 배양토가 빠지지 않도록 한 다음, 바닥에는 부엽토에서 나온 나뭇가지나 땅콩 껍질 등을 2~3cm 깔아놓아 배수와 통기를 돕게 한다. 그 위에 배양토를 적당량 넣고 나무막대로 두들기며 단단히 다진다. 5호 화분에서 뺀 국화를 놓을 위치보다 2cm 정도 아래쪽에 원주를 삼등분한 화분 벽 안쪽 3곳에 건조비료를 모아서 시비한 다음 다시 배양토를 넣고 다진 후 5호 화분에서 꺼낸 국화를 놓는다. 5호 화분에서 국화를 꺼낼 때는 화분을 들고 위쪽 언저리를 아래쪽으로 손으로 두세 번 치면 쉽게 빠진다.

 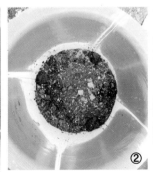 

① 9호 화분(후국의 경우)에 배양토를 넣고 단단히 다진다.

② 기비로써 건조비료를 3곳에 넣고 다시 배양토를 넣고 다진다.

③ 5호 화분에서 국화를 빼낸다.

5호 화분에서 꺼낸 국화 뿌리 덩어리를 다진 배양토 위 중앙에 놓고 뿌리 덩어리와 화분 벽 사이 공간에 배양토를 채운 후 나무막대로 두들기며 다져주는데, 화분 중앙에 놓은 국화 뿌리를 긁어서 손상을 주지 않도록 조심해야 한다. 정식을 마쳤을 때, 5호 화분에서 꺼낸 국화 뿌리 덩어리의 배양토 윗면이 정식한 화분 위쪽 언저리에서 6cm 정도 밑에 위치하도록 깊이를 조절하는 것이 적당하다. 그러나 품종이 초장간이어서 가지를 유인했을 때 지주에 닿는 위치가 화분 언저리에서 8cm보다 높을 것 같으면, 그만큼 깊이 심어서 높이를 조절하기도 한다.

④ 국화 뿌리 덩어리를 놓아보고 배양토의 높이를 맞춘다.

⑤ 빈 공간에 배양토를 넣고 다진다.

⑥ 5호 화분 때의 배양토 높이만큼 배양토를 넣고 다진다.

즉, 품종이 장간(長幹)인 경우는 조금 깊게 심어서 정지한 가지가 지주에 닿는 위치가 화분 언저리에서 8cm 정도 되도록 배양토의 높이를 조절하며 다진다. 어떤 경우는 5호 화분에서 꺼낸 국화 뿌리 덩어리 밑 부분의 뿌리를 벌려서 배양토를 1/3 정도 떨어뜨려 높이를 조절하는 경우도 있다. 같은 의미이지만 3가지가 갈라진 분기점이 화분 위쪽 언저리에서 3~5cm 정도 위에 오도록 조정해도 된다.

화분 중에는 지주를 화분에 고정하도록 철사로 묶는 구멍이 뚫어져 있는데, 이런 화분에 정식할 경우에는 세 가지가 각기 구멍을 향하도록 가지의 방향을 잡아야 한다.

⑦ ⑧ 정기를 하고 지주를 세워 묶고 완료한 상태

정식을 다 마쳤으면, 세 지주 바로 옆 오른쪽에 건조비료를 시비하고, 지주에 인바인더를 걸어 지주의 벌어진 각도를 잡아주는 동시에 지주가 신체나 물건에 걸려 가지가 찢어지지 않도록 해준다. 화분을 놓을 자리에 옮긴 다음 물뿌리개로 5호 화분을 넣은 곳을 위주로 물을 준다.

정식 후의 관리

6월 말에 시작하여 7월 초에 정식을 마친 국화는 뿌리가 사방으로 뻗으면서 나날이 성장해간다. 9월 초 꽃봉오리가 나올 때까지 해야 할 작업은 다음과 같다.

비닐 테이프 풀기

정기를 마친 후 4~5일 정도 지나면 굽힌 가지가 탄성을 잃어 가지를 묶었던 비닐 테이프와 알루미늄선을 제거할 수 있으므로, 제때 제거해서 성장에 지장이 없도록 한다. 묶었던 테이프를 제거할 때는 테이프가 잎을 감아 잎이 떨어지기 쉬우므로 특히 조심해야 한다.

필자는 비닐 테이프와 알루미늄선을 제거한 후에, 가지 제일 밑에 붙어있는 잎(각 가지가 나온 밑의 잎으로 각 가지의 모엽(母葉) 같은 역할을 한다고 생각한다.)이 밑으로 쳐지거나 물뿌리개에 부딪혀 떨어지지 않도록 끈으로 묶어 보호해준다.

① 유인할 때 감은 비닐 테이프와 알루미늄선을 제거한다.

② 비닐 테이프와 알루미늄선을 제거한 뒤, 가지의 모엽을 보호해준다.

성장한 가지 지주에 묶기

국화 가지의 성장에 따라 약 7cm 정도의 간격으로 가지를 지주에 묶어준다. 가지가 많이 휘었으면 8자 묶기로 잡아준다.

추비(追肥)

건조비료의 비료기는 시비 후 20~25일 정도 유지되므로 약 23일 간격으로 추비를 준다. 7월 3일 정식하면서 지주 바로 오른쪽에 추비를 주었다고 하면, 7월 27일에 지주와 지주의 사이를 삼등분 한

▲ 가지를 지주에 7cm 간격으로 묶어준다.

곳의 첫 번째 위치에 건조비료로 추비를 준다. 다시 8월 23경에 삼등분한 두 번째 위치에 3번째이면서 마지막 추비를 준다.

추비를 8월 25일을 넘어서 시비하면 꽃이 순하지 않으며, 개화도 순조롭지 않은 경우가 생긴다. 9월 중순을 지나서 질소 성분이 배양토에 많이 남아 있으면 득보다는 손해가 큰데, 잎의 황엽이 빨리 진행되어 쉽게 떨어지게 되고, 특히 꽃이 나빠지며 썩기 쉬워진다.

참고로 필자는 9월 10일이 지나면 화분에 남아 있는 질소의 제거와 동시에 칼륨(K)을 보충해주는 작업을 한다.

옆 순의 제거

7월에 접어들면 국화는 가능한 많은 꽃을 피우기 위해 줄기와 잎 사이에서 꽃봉오리가 만들어질 옆 순을 내기 시작한다. 대국 재배에서는 최종적으로 줄기 끝에 한 송이의 꽃을 크게 피우는 것이므로 줄기 끝의 몇 가지를 제외한 옆 순은 크게 자라기 전에 제거하여 줄기가 휘지 않게 하고, 꽃을 피우지 않을 가지로의 영양 공급을 막는다. 3~4cm 이상 자라기 전에 손으로 꺾어서 제거해주면 된다. 이때 제거한 순을 삽수하여 전시회 때 관람객에게 분양할 가을 묘(苗)를 만들기도 한다.

▲ 옆 순은 작을 때 제거한다.

물텀벙

8월 중순에 들어가면, 화분 안에는 새로 자라나는 뿌리가 있는가 하면 죽어가는 뿌리도 있다. 이것은 물뿌리개로 준 물이 배양토를 통해 밑으로 내려갈 때 흘러내리기 쉬운 길로만 흘러내리게 되므로 물의 공급이 원활하지 못한 부분이 생겼기 때문이다.

필자는 이러한 현상을 "채널링"이라 부르는데, 이러한 현상을 없애기 위해 8월 20일경에 정식 화분 높이의 1.5배 정도 되는 깊이의 큰 용기에 액체비료와 식물활성제를 약하게 탄 물을 채우고, 정식 화분을 윗면이 2cm 정도 잠기게 담근다. 필자는 이것을 「물텀벙」이라 부르는데, 물텀벙을 하면 화분 안에 있던 대기가 모두 빠지게 되고, 그 자리를 물로 채우게 되므로 채널링이 없어지게 되어 더위에 힘들어하는 국화에 활력을 불어넣을 수 있다.

물텀벙은 화분을 담근 수면 위로 대기 방울이 나오지 않을 때까지 실시하는데, 5분 이상은 호기성인 뿌리에 좋지 않다.

▲ 물텀벙할 때 식물활성제를 타기도 한다.

병해충 관리

진딧물과 응애 등의 해충이 발생
하므로 주의 깊게 관찰하며, 발생
시 살충제를 살포한다. 살충제가
잎의 앞뒷면에 모두 묻을 수 있도
록 시간을 들여서 살포한다.

버들눈 처리

품종이나 재배환경에 따라서는 7월 하순에서 8월 20일 사이에 작은
버드나무 잎을 닮은 순이 발생하는데, 이를 「버들눈」이라 부른다. 버들
눈이 생기면 마치 적심한 것처럼 국화의 성장이 멈춰지고 줄기와 잎 사
이에서 옆 순들이 자라 나온다. 적심이 인위적인 성장점 제거라면, 버들
눈은 자연적 성장점 제거라고 생각하면 된다. 완전한 버들눈은 불완전
한 꽃순(花芽) 분화(分化)로 일어나는 현상으로 꽃봉오리로는 되지 않는다.

일단 버들눈이 생기면 성장을 멈추고 옆 순들이 빨리 자라기 시작하
는데, 그중 하나의 옆 순을 선택하여 지주에 붙여 위로 방향을 틀어 자
라게 해준다. 옆 순을 선택할 때는 각 줄기의 신장을 천(天) · 지(地) · 인
(人)에 맞게 조절하는 기회도 될 수 있으므로 적절한 순을 선택한다.

옆으로 향한 순을 지주 쪽으로 굽힐 때, 부러지는 것을 대비하여 바로
밑의 순을 예비로 붙여 놓았다가 처음 굽힌 순이 안정되면 제거한다. 옆
순을 지주 쪽으로 굽혀 세울 때는 굽히려는 가지가 2~3cm 정도일 때가
적당하며, 가지 바로 밑에 붙어있는 잎으로 감싸듯이 해서 잎과 함께 지
주 쪽으로 굽혀주면 실패할 일은 거의 없다.

▲ 버들눈이 발생하여 성장을 멈추고 옆 순이 자란 모습으로, 옆 순을 주간으로 세우기는 조금 늦은 편이다. 사진에 나타난 버들눈은 모두 제거하고 옆 순을 주간으로 세워야 하는 경우다.

순을 굽히는 방법은 먼저 굽히려는 순이 붙어있는 원가지 위쪽을 지주에 묶어 고정한다. 그다음 굽히려는 순을 받치고 있는 순 바로 밑 원가지에 붙어있는 잎을 지주 쪽으로 들어 올리면 잎에 순이 감싸여 저절로 지주 쪽으로 세워지게 된다. 잎을 지주에 붙인 다음, 잎과 지주를 묶어주는 것으로 순을 세우는 작업은 끝난다. 며칠 뒤에 묶었던 끈을 풀어 잎을 원위치로 돌려주고 순만 지주에 묶는다.

이때 주의해야 할 사항은 버들눈에 의해 자라나온 옆 순의 첫 번째 절간(節間)[27]이 바로 밑 원가지 절간과 비교해 갑자기 2배 정도 늘어나게 되어 보기 좋지 않게 된다. 따라서 버들눈을 제때 발견해서 제거해주고,

---

27 잎과 잎 사이의 간격

성장억제제인 B-9을 700배 정도로 타서 위로 굽힐 옆 순 줄기에 붓으로 칠해주어 절간이 짧아지게 해주어야 한다.

　단, 8월 하순쯤에 발생한 버들눈은 완전한 버들눈이 아니어서 꽃봉오리를 만들 수 있으므로 제거하지 않고 그대로 남겨두어 꽃봉오리를 달게 할 수도 있다. 다만, 버들눈에는 영양이 집중되므로 꽃봉오리가 생긴다 해도 너무 강해서 꽃봉오리를 싸고 있는 포엽(苞葉)이 쉽게 벌어지지 않을 수도 있고, 벌어지더라도 비정상적인 꽃이 될 수도 있으므로 이 시기는 대국 재배자들이 버들눈을 없애고 옆 순을 세울 것인지[28] 아니면 버들눈에 꽃봉오리를 달 것인가로 가장 번민하는 시기이기도 하다.

　필자는 강하지도 약하지도 않은 적당한 버들눈에서 만들어진 꽃봉오리를 「도깨비 꽃봉오리」라 부르며, 후국과 후주국의 경우 도깨비 꽃봉오리가 생기게 하여 큰 꽃을 피우는 데 활용한다. 이때는 옆 순을 여러 개 남겨 꽃봉오리를 달아서 영양을 분산시키고, 차광하여 꽃봉오리를 순하게 만들어 잘 개화시키면 대단히 큰 꽃을 볼 수가 있다. 품종에 맞추어 삽수 시기를 조절하면 8월 하순에 버들눈이 생기게 할 수 있다.

출뢰(出蕾)

　대국은 대부분 9월 초에서 10일 사이에 꽃봉오리가 생긴다. 이 시기에는 매일 꽃봉오리를 세밀히 관찰하여 첫 번째 꽃봉오리에 이상이 있으면 제거하고 바로 밑가지를 세워서 그 가지에 달린 꽃봉오리를 피운다. 이때 두 번째 가지에서 생긴 꽃봉오리는 첫 번째 가지의 꽃봉오리보다

---

28 버들눈을 없애고 옆 순을 세우면 개화가 그만큼 늦어진다.

꽃이 작고 개화도 늦기 때문에 나머지 줄기의 꽃봉오리도 두 번째 가지의 꽃봉오리로 피워야 천지인 세 줄기 꽃의 개화 시기가 같아진다.

• **출뢰의 형태** : 9월에 접어들면서 보이기 시작하는 꽃봉오리는 크게 3가지 형태를 보인다. 버들눈에서 생기는 버들눈 꽃봉오리, 순 끝에서 한 개의 꽃봉오리만 맺히는 단 꽃봉오리, 중앙의 꽃봉오리 주위에 여러 개의 꽃봉오리가 붙어서 나오는 올망졸망 꽃봉오리 등이 있다.

버들눈 꽃봉오리와 단 꽃봉오리의 경우에는 한 개의 꽃봉오리만 보이므로 꽃봉오리를 정리할 필요가 없으나, 올망졸망 꽃봉오리는 꽃봉오리가 팥알 정도 커졌을 때, 꽃을 피울 중앙의 꽃봉오리만 남기고 그 주위에 있는 나머지 꽃봉오리는 제거해주어야 한다.

버들눈 꽃봉오리의 경우는 꽃봉오리를 둘러싸고 있는 포엽이 너무 단단해서 벌어지기 어려워 개화하지 못하는 경우가 많으며, 개화한다 해도 꽃봉오리 안에 또 다른 여러 개의 작은 꽃봉오리가 있거나 꽃잎이 심하게 뒤틀어지

▲ 단 꽃봉오리

▲ 올망졸망 꽃봉오리

▲ 버들눈 꽃봉오리

면서 개화하므로 정상적인 꽃을 보기가 어렵다. 20~30% 정도의 버들눈 꽃봉오리를 10~15일 정도 차광을 해서 포엽을 부드럽게 해주면 어느 정도 순하면서도 큰 꽃을 피울 수가 있는데, 차광을 하면 꽃잎 수가 적어지는 단점도 있다. 또한, 필자의 경험으로는 단 꽃봉오리에서 핀 꽃이 올망졸망 꽃봉오리에서 핀 꽃보다 꽃잎 수가 많아 큰 꽃을 볼 수 있었다. 따라서 가급적 단 꽃봉오리가 나오도록 삽수 시기의 조절과 재배 방법을 선택하면 더 좋은 꽃을 피울 수 있다.

꽃봉오리가 오면 화분을 며칠 간격으로 90도씩 돌려주어 꽃봉오리가 한쪽으로 기우는 것을 막는다.

적뢰(摘蕾)

사과, 배 재배에서 크고 실한 과실을 수확하기 위해 적과(摘果)하는 것과 같이 국화 재배에서도 크고 보기 좋은 꽃을 피우기 위해서는 꽃봉오리를 정리하는 적뢰라는 작업을 해주어야 한다. 꽃은 천(天)·지(地)·인(人) 각 줄기에서 한 송이씩만 피우는데, 크고 좋은 꽃을 피우기 위해서는 가장 좋은 꽃봉오리에서 꽃을 피워야 하며, 천지인의 개화 시기와 크기가 같게 되도록 적뢰해야 한다.

즉, 천(天)에서 두 번째 가지의 꽃봉오리를 선택했으면, 지(地)와 인(人)에서도 두 번째 가지의 꽃봉오리를 선택해야 한다. 같은 조건에서는 천의 꽃이 가장 빨리 개화를 하고 또한 가장 크며, 그다음이 지(地)의 꽃이며 그다음이 인(人)의 꽃이다. 천(天)이 강한 버들눈 꽃봉오리이기에 두 번째 가지의 꽃봉오리를 선택했는데 지(地)나 인(人)에서 첫 번째 가지의 꽃봉오리를 선택하면, 개화 시기와 꽃의 크기가 반대로 되어 좋은 작품

▲ 왼쪽 사진이 적뢰 전 모습이고, 오른쪽 사진이 적뢰한 모습이다

이 되기 어렵다.

　꽃봉오리에 이상이 없는 경우에는 후국, 후주국, 대궉국, 일문자는 첫 번째 가지의 가운데 있는 꽃봉오리(심뢰(心蕾))를 개화시키는 것이 일반적이다. 또한 도중에 벌레에 의해 손상을 받거나 부러지거나 하는 사태에 대비하여 꽃봉오리 1개를 예비로 남기고는 모두 제거하는 것이 보통이나, 조금 강한 버들눈 꽃봉오리의 경우에는 영양 분산을 위해 꽃이 반 이상 개화할 때까지 예비 가지를 2~3까지 남겨 놓기도 한다. 관국(管菊)의 경우, 태관국, 중관국은 이전에는 순한 꽃을 선호하여 첫 번째 가지의 심뢰를 제거하고 두 번째 가지의 심뢰를 피웠으나, 최근에는 첫 번째 가지의 심뢰(心蕾)를 선호하며, 예비 꽃봉오리로 개화 조절과 영양 분산도 겸해서 3, 4번째 가지의 꽃봉오리를 남겨둔다. 세관은 심뢰와 2, 3번째 가지까지 잘라내고, 4번째 가지의 꽃봉오리를 피우고 예비 꽃봉오리로 5번째 가지와 8, 9번째 가지의 꽃봉오리도 함께 피워서 선정한 꽃봉오리가 70~80% 개화하면 제거한다.

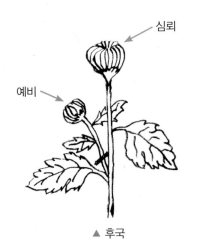

심뢰

예비

▲ 후국

예비 꽃봉오리는 심뢰가 정상으로 개화하는 것을 확인한 후 제거한다.

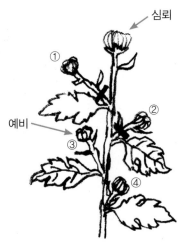

심뢰

① ②

예비

③

④

▲ 중관 · 태관

심뢰를 피운다.
1 · 2번째인 ① · ② 꽃봉오리는 제거하고,
3 · 4번째인 ③ · ④를 남겨
심뢰와 함께 3개의 꽃을 피워,
적당한 시기에 제거한다.

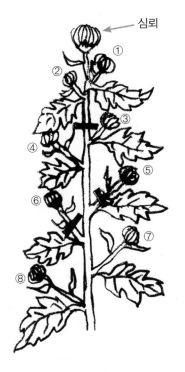

심뢰

①

②

③

④

⑤

⑥

⑦

⑧

▲ 세관

4번째 가지인
심뢰 · ① · ②번 꽃봉오리를 제거하고,
③번을 피우고 ④번은 예비로 남기고,
⑤ · ⑥번은 제거하고,
⑥ · ⑦ 꽃봉오리도 함께 피워
적당한 시기에 제거한다.

개화(開花)와 만개(滿開)

꽃봉오리가 커지다가 캐러멜을 싸는 막 같은 얇고 반투명한 막이 터지는데 이것을 파뢰(破蕾)라고 하며, 파뢰하면 개화가 시작되었다고 한다. 후국(厚菊)과 후주물(厚走物)은 파뢰(破蕾) 후 30일 정도에 만개하며, 관국(管菊)은 보통 25일 정도에 만개한다.

선정한 꽃봉오리가 개화를 시작하여 꽃봉오리 속이 정상적인 것이 확인되면 예비 꽃봉오리는 바로 제거한다. 그러나 관국이나 일문자의 경우에는 꽃잎이 다 벌어져 밑으로 처질 때까지 기다려서 꽃잎에 이상이 없는 것을 확인한 후에 예비 꽃봉오리를 제거한다.

때로는 예비 꽃봉오리를 개화 속도 조절에 활용할 때도 있다. 일반적으로 천(天)의 개화가 지(地)와 인(人)보다 빠른데, 이러한 약간의 차이를 없애주기 위하여 천에는 2개의 예비 꽃봉오리를 개화시켜 만개(滿開)를 지연시킨다. 그리고 제거할 때도 가위로 싹둑 잘라버리는 것보다 손으로 비틀려 부러뜨려서 반쯤 잘라주는 방법을 사용하기도 한다.

▲ 파뢰하여 개화가 진행되는 모습

정상적인 꽃봉오리

꽃봉오리를 둘러싸고 있는 포엽이 부드러우며, 꽃봉오리가 완전한 원형인 이상적인 꽃봉오리를 말한다.

▲ 오른쪽으로 갈수록 버들눈의 영향이 강한 꽃봉오리로 4, 5번째는 개화는 하나 꽃이 순하지 않으므로 차광해주면 좋다.

비정상적인 꽃봉오리

비료가 과하거나 버들눈의 영향으로 포엽이 길고 단단한 꽃봉오리로 정상적인 꽃을 피우기 어렵다. 아래쪽 가지에 생긴 꽃봉오리 중에서 정상적인 꽃봉오리를 선택해서 피게하면 된다.

대국의 만개

위쪽 중심의 한점을 향해 꽃잎이 다 벌어진 시점을 만개라 한다. 이 시점이 지나면 중심이 벌어지면서 수술이 보이고 곤충에 의해 수정이 시작된다.

▲ 만개 모습

꽃받침 부착

개화가 진행되어 꽃잎이 커지면서 벌어져 밑으로 처지기 시작하면 꽃받침을 부착해준다. 꽃받침을 부착하기 전에 반드시 꽃 목을 지주에 단단히 묶어놓아야 한다. 꽃 목을 단단히 묶어 놓지 않으면, 개화한 후 꽃이 한쪽으로 기울어졌을 때 바로 세울 수 없다. 이 시기가 되면 줄기의 성장도 거의 멎으나, 조금은 자라므로 수시로 확인하여 자란 만큼 지주를 높여주어야 한다.

▲ 왼쪽(★) 사진은 꽃 목이 아직 성장하는 단계이므로 임시로 느슨하게 묶어서 꽃 목이 자라도록 한 경우이며, 나머지 사진은 조금 빠른 편이지만 제대로 묶은 것이다.

꽃받침은 이중으로 된 후크식이 꽃의 무게를 충분히 지탱할 수 있으며, 부착하기에도 편리하다. 꽃받침이 원형이 되도록 손을 보고 안쪽과 바깥쪽을 조금 꺾어서 단이 지도록 한다.

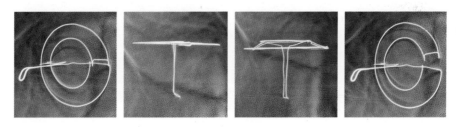

① 꽃 크기에 맞는 꽃받침을 선택하여 구부러진 곳이 있으면 펴서 원의 형태로 잡아준다.

② 안쪽 원과 바깥쪽 원을 연결하는 부분을 꺾어 단차(段差)를 만들어 준다.

③ 체결 훅을 풀어서 지주를 꽃받침 안으로 넣고, 훅을 끼워 체결한다.

④ 꽃받침 맨 밑의 꺾어진 손잡이를 지주에 끼우고 끈을 지주와 국화 줄기 사이에 끼워 지주를 한번 감싼 다음 꽃받침 밖으로 돌려 감아서 묶는다. 이렇게 묶어야 꽃받침을 아래로 내리거나 위로 올리면서 위치를 조정할 수 있다.

⑤ 묶는 위치는 꽃받침 밑쪽에 있는 손잡이 바로 위 2cm 정도 위치에 묶어주고, 추가로 그 위 3cm 정도 되는 곳을 한 번 더 묶어준다. 묶는 방법은 국화 줄기와 지주 사이에 끈을 통과시킨 다음 줄기와 지주 및 꽃받침 모두를 2번 감은 다음 묶으면, 꽃받침을 상하로 움직여 위치를 조절하는데 편리하다. 이렇게 해놓으면 국화꽃의 개화에 따라 꽃받침을 조금씩 밑으로 내릴 수 있다. 개화가 진행됨에 따라 꽃받침을 밑으로 조금씩 내려주면 꽃잎의 간격이 넓어지면서 꽃이 웅장하게 보인다.

▲ 꽃잎이 밑으로 처지기 시작할 때 꽃받침을 부착하고,
개화가 진행됨에 따라 꽃받침을 조금씩 내려준다.

국화의 운송

국화를 전시장으로 운반할 때는 꽃이 바람이나 진동에 상하지 않도록 주의가 필요하다. 꽃잎이 차의 진동으로 꽃받침에 반복해서 부딪히면 부딪친 자리가 까맣게 변하며 꽃잎이 상한다. 그래서 진동을 받더라도 꽃잎이 꽃받침에 부딪히지 않도록 꽃받침을 위로 바짝 올려준다. 올리기 전에 꽃잎과 꽃받침 사이에 부드러운 부직포를 끼워주면 더 좋다.

그리고 각 줄기는 인바인더를 하더라도 운행 중 속도의 변화나 원심력에 의해 좌우로 흔들리며 옆의 꽃들과 서로 부딪쳐서 심한 손상을 받을 수 있으므로, 세 지주 사이에 브레이스를 부착하여 흔들리지 않게 한다. 또한, 운행 중 급브레이크나 충격으로 화분이 넘어질 수 있으므로, 나무 격자나 모래주머니 등을 이용하여 넘어지지 않도록 해주어야 한다. 바람에 의한 손상을 받지 않도록 탑차를 사용한다.

▲ 꽃과 꽃받침 사이에 부직포를 끼워 넣고, 진동에 흔들리지 않도록 꽃받침을 바짝 올려준다.

차광(遮光)

국화는 단일성 식물로 성장 온도와는 큰 관계없이 낮의 길이가 10시간, 밤의 길이가 14시간 전후가 되도록 조절하면 생리 반응으로 꽃봉오리를 만들기 시작한다.

따라서 개화를 앞당기고 싶을 때는 인위적으로 해지기 전에 차광(遮光)

▲ 차광장

▲ 차광장 대차
대차를 이용하여 화분을 차광장으로 이동

해서 어두워지는 것을 앞당김으로써 꽃봉오리 형성을 촉진하여 개화 시기를 조절할 수 있다. 필자의 경험상 꽃봉오리가 생긴 후에 차광(遮光)을 하면 포엽이 부드러워져 꽃이 순하게 개화를 하나, 꽃잎의 수가 적어지는 결점도 있다.

차광방법은 차광이 필요한 화분을 차광장으로 이동하여 차광하는 방법과 온실에 차광개폐 시설을 설치하여 화분의 이동 없이 필요한 시간에 차광하는 방법이 있다. 수량이 적을 때에는 검은 대형 비닐로 한 화분씩 덮어 씌워주는 것으로도 무난히 할 수 있다.

차광시기는 희망 만개일 80일 전부터 시작하여 꽃봉오리가 생길 때까지 하루 14시간 이상 어둡게 한다. 비가 오는 날도 계속한다. 예를 들어 11월 5일 만개시키려고 하면, 8월 17일부터 시작한다.

접순

뿌리가 약한 품종의 국화는 시비나 관리가 어려우므로 뿌리가 튼튼한 품종에 접순하기도 하며, 몇백 송이의 꽃을 피우는 입국 대작인 경우는 개똥쑥같이 뿌리가 튼튼한 줄기에 국화를 접순하여 재배하기도 한다.

또한, 분상 7간작의 중앙에 세울 천(天)이나 입국 대작의 특정 부분의 꽃을 원뿌리와는 다른 꽃을 피우기 위해 다른 품종의 순을 원가지에 접순할 때도 있다. 같은 계통이라도 성장 속도가 비슷한 품종으로 접순해야 꽃의 높이가 균형을 이루게 된다. 접순 품종의 특성이 충분히 나올 수 있도록 어

릴 때 접순하는 것이 좋다.

  접순 방법은 붙이는 양쪽 절단면을 경사지게 자르거나 원가지는 V형
으로 파고, 붙이는 쪽은 V형으로 뾰족하게 남겨서 끼워 붙이는 방법 등
이 있다. 자른 단면에서 액이 나와 미끌미끌하므로 작업하기가 상당히
어렵다. 필자의 경우, V형으로 잘라서 두 가지를 끼워 붙인 다음 가는
바늘을 꽂아 빠지지 않도록 하고 좁게 자른 접목용 테이프로 감아서 대
기를 차단하는 방법으로 접순한다.

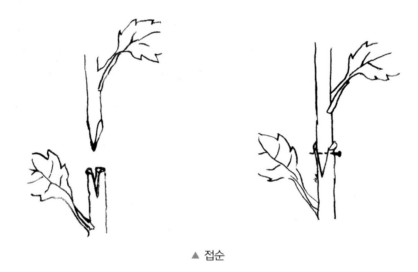

▲ 접순

① 대목(臺木)을 좁은 V 형상으로 잘라낸다.

② 접순을 V 홈에 끼워 넣을 수 있게 쐐기 형상으로 자른다.

③ V 홈에 순을 끼운 뒤, 핀을 꽂아 고정하고 좁은 접목 테이프로 감는다.

④ 약 일주일 후, 테이프와 핀을 제거한다.

제3장

대국 분상(盆上) 재배의 종류

① 분상 3간작

국화송호(國華松戶)

국화전설(國華傳說)

국화유계(國華由季)

부사휘(國華輝)

정흥대신(精興大臣)

국화수축(國華壽祝)

국화손(國華孫)

국화월산(國華越山)

천향광화(泉鄕光華)

천향정열(泉鄕情熱)

천향화적(泉鄕花笛)

천향채(泉鄕彩)

개룡추봉(開竜秋峰)　　　　　　　천녀명소(天女名所)

　후국은 9호 화분, 관국은 8호 화분에 정식을 하여 천지인 3줄기 끝에 각 한 개의 꽃을 피우는 재배법으로 국화의 높이는 화분 바닥에서 꽃 목 까지가 120cm 이상 160cm 이하가 적당한데, 사람의 눈높이에 꽃이 있 는 것이 가장 바람직하므로 꽃 위까지의 높이는 160~165cm 정도가 이 상적이다.

성광백봉(聖光白峰)   천향피방(泉鄕彼方)

 화단(花壇)을 만들 때는 가장 앞쪽 열은 135cm, 가장 뒤쪽 열은 170cm 정도가 적당하다. 필자의 경우는 분상 3간작은 스트레이트 방식으로 키우는데, 묘는 5월 10일에 삽수를 해서 5월 31일에서 6월 1일 사이에 5호 화분에 가식을 하고, 7월 1일에서 7월 5일 사이에 8, 9호 화분에 정식한 것에서 가장 좋은 꽃을 볼 수 있었다.

달마

국화금산(國華金山)

달마대사가 가부좌하고 있는 형상과 비슷하다고 하여 달마라는 이름이 붙은 달마작은 7호 화분에 정식을 하고, 화분 바닥에서 천(天)의 꽃목까지의 높이를 40~60cm로 키운다. 따라서 초장간(超長幹)이나 장간(長幹)인 품종은 높이를 60cm 이하로 억제하기 어려우므로 중간(中幹)이나 단간(短幹)의 품종이 달마작에 적합하다.

국화월산(國華越山)

천향명소(天女名所)

천향부수(泉鄉富水)

천향성지(泉鄕聖地)

신장을 억제하기 위해서는 성장억제제(B-9)를 살포해야 하는데, 성장 억제제(B-9)를 사용하면 생장은 억제되는 반면 꽃의 개화가 늦어지므로 가능한 개화가 빠른 품종으로 재배하는 것이 좋으며, 차광을 통하여 늦어지는 개화를 앞당겨야 한다.

달마 재배용 묘를 삽수할 때는 삽수 하루 전에 모주(母株)에서 채취할 삽순에 500배의 B-9 용액을 살포하여, 삽수 상자에서 뿌리가 내릴 동안에 자라는 것을 억제한다. B-9의 효과는 약 20일~25일 정도이므로, 가식 후 5일 정도 지나 다시 500배의 B-9을 살포한다. 5호 화분에 가식할 때는 조금 깊게 심는 것이 신장 조절에 유리하다.

성장억제제의 생장 억제 효과는 국화 품종에 따라 차이가 있으므로 품종에 맞추어 B-9의 희석 배율을 조정할 필요가 있다. 꽃봉오리가 생길 때가 되면 꽃 목이 길게 자라서 60cm 이하로 억제하지 못하는 일이 많은데, 꽃 목에는 붓으로 B-9 용액을 칠해준다. 이때 꽃봉오리를 싸고 있는 포엽에는 성장억제제가 묻지 않도록 주의한다. 포엽에 묻으면 단단해져서 꽃봉오리가 벌어지기 어렵게 되기 때문이다.

필자의 경우 달마작은 6월 9일, 묘로 채취할 순에 500배의 B-9 용액을 살포하고, 6월 10일에 삽수한다. 7월 1일 5호 화분에 가식하고, 7월 7일경 적심하여, 7월 말에 가지 유인하면서 8월 초에 7호 화분에 정식을 한다. 500배로 희석한 B-9 용액을 7월 7일, 7월 30일, 8월 23일경에 살포하며, 9월 15일 이후에는 필요할 때 붓으로 꽃 목에 발라준다.

차광은 8월 17일부터 2주간 실시해주면 11월 5일경에 만개(滿開)를 한다.

개룡추봉(開竜秋峰)

복조

국화금산(國華金山)

국화월산(國華越山)

국화추무대(國華秋舞台)

태평홍엽(太平紅葉)

국화국보(國華國寶)

천향추곡(泉鄕秋曲)

천향명소(天女名所)

청견미래(清見未來)

천향부수(泉鄉富水)

천향고봉(泉鄉高峰)

복조 화단 ▲▶

복조는 화분 밑에서 꽃 목까지의 높이를 40cm 이하로 억제해야 하므로 살포하는 성장억제제(B-9)의 희석 비율을 300배 정도로 높여야 한다. 복조 재배용 묘를 삽수할 때는 삽수 하루 전에 모주(母株)에서 채취할 삽순에 300배의 B-9 용액을 살포해 놓았다가 삽수하여, 삽수 상자에서 뿌리가 내릴 동안에 자라는 것을 억제한다. B-9의 효과는 약 20일~25일 정도이므로, 정식 후 5일 정도 지나 다시 300배의 B-9 용

▲ 묘를 조금 깊이 심고 국화의 성장에 따라 증토하여 작은 잎은 묻히게 한다.

액을 살포한다. 5호 화분에 정식할 때 깊게 심어 놓고 국화가 성장함에 따라 증토를 하면, 조그마한 잎들은 배양토 속에 묻히게 하면서 신장 조절도 수월하게 할 수 있다.

차광은 8월 15일부터 2주간 실시해주면 품종에 따라 약간의 차이는 있지만, 11월 5일경에 만개를 한다.

필자의 경우는 7월 9일, 묘로 채취할 순에 300배의 B-9 용액을 살포하고, 7월 10일경에 삽수하여, 8월 1일경에 5호 화분에 정식하고, B-9은 8월 7일, 8월 30일경에 300배의 B-9 용액을 살포하며, 9월 15일 이후에는 필요할 때 붓으로 꽃 목에 발라준다.

④

분상 7간작

후국은 10호 화분, 관국은 9호 화분에 정식을 하여 중앙에 한 줄기 및 그 주위에 6줄기를 유인하여 총 7줄기 끝에 각 한 개씩 꽃을 피우는 재배법으로 국화 높이는 화분 바닥에서 꽃 목까지가 150cm 정도가 이상적이다.

5호 화분에 가식한 묘는 3간작과 같은 방법으로 적심해서 4개의 옆 가지를 받는다. 이 4개의 옆 가지 잎이 2~3장이 되었을 때 두 번째 적심을 하여 각 2개의 옆 가지를 받아 모두 8대의 가지가 나오게 한다. 이 때 첫 번째 적심해서 나온 가지 중에서 위로부터 1, 2, 3번째 가지에서 나온 6가지를 천(天) 주위의 가지로 유인하고 하고, 4번째 가지에서 나온 2가지 중 한 가지를 잘라버리고 남은 가지를 중앙의 천(天)으로 유인한다.

위로부터 4번째 가지에서 나온 가지는 가장 밑에서 나온 세력이 가장 약한 가지이므로, 두 가지 중 한 가지를 제거하여 남은 한 가지에 영양을 집중시켜 세력이 약한 것을 만회할 수 있게 한다. 또한, 1·2·3번째 가지에서 나온 가지들은 화분 언저리에 세운 지주 옆 까지 유인된 다음

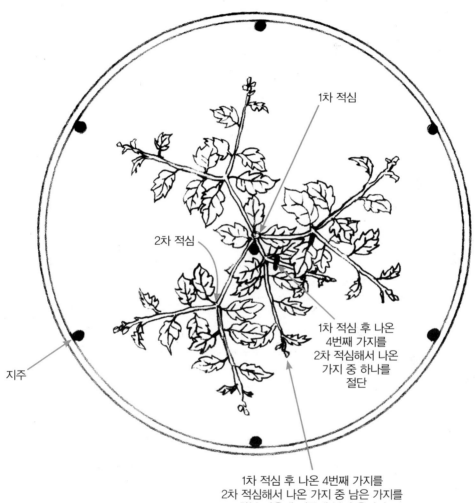

1차 적심

2차 적심

1차 적심 후 나온
4번째 가지를
2차 적심해서 나온
가지 중 하나를
절단

지주

1차 적심 후 나온 4번째 가지를
2차 적심해서 나온 가지 중 남은 가지를
화분 가운데 지주에 붙여 올려서
천(天)으로 한다.

2020년 제29회 서울지방교정청 국화품평회 출품작 중 박길웅(서울구치소 원예 담당) 출품작 ▲ ▶

▲ 7간작(저자 작)

지주를 따라 위로 올라가지만, 4번째 가지인 천(天)의 가지는 화분 중앙
에 세운 지주를 따라 굽히지 않고 바로 위로 올라가므로 가장 밑쪽의 가
지가 갖는 불리한 점을 극복하는 데 도움이 된다. 두 가지 중 한 가지를
자르는 시기는 전체의 성장을 보면서 판단해야 하나, 7월 20일경에 잘
라주는 것이 적당하다.

　필자는 분상 7간작의 묘는 초장간종이나 장간종 품종으로 4월 25일경
에 삽수를 해서 5월 17일경에 5호 화분에 가식을 하고, 6월 24일경에 9,
10호 화분에 정식을 한다. 천(天)을 다른 색의 품종으로 접순하기도 한
다.

제4장

분상 대국 관리
12개월

국화 관리의 주요 내용을 월별로 정리하여
국화 재배의 수월함을 꾀하고자 하였다.

1월의 관리

- ✔ 월동 중의 순은 추위를 피할 수 있을 정도의 방한 대책을 해준다.
- ✔ 물 부족은 월동 순을 극도로 약하게 하므로 맑은 날에는 물을 준다.
- ✔ 국화 동호인들과 교류를 통하여 새로운 품종을 입수한다.
- ✔ 국화 재배계획을 세운다.

월동 순의 관리

국화는 추위에 강하지만, 월동 시기에 화분 안의 배양토가 얼어 국화 뿌리가 영양분이 녹은 수분을 흡수하지 못하면 죽거나 아주 약해지기 때문에 어느 정도 월동대책은 해주어야 한다.

11월에서 12월 초에 걸쳐 지하경(地下莖)으로부터 자라나온 순을 뿌리나누기하여 동해(凍害)를 피할 수 있는 프레임 안에 넣어서 관리하는 것이 이상적이나 품종의 종류가 많을 때는 현실적으로 어려움이 따른다.

비교적 추운 지역인 경북 영주 풍기에서도 비닐 온실 안에서 별도의 조치 없이 화분 상태로 월동시켰지만, 큰 어려움 없이 다음 해에 아주 양호한 삽순을 채취할 수 있었다. 온실이 없는 경우는 뿌리가 얼 수 있으므로, 낮고 작은 프레임으로 온실을 만들거나 낙엽이나 왕겨 등으로 화분주위를 덮어서 어는 것을 방지해주던지, 11월 중에 땅으로 이식시킨 후, 왕겨 등으로 주위를 덮어주면 쉽게 월동시킬 수 있다.

- 물주기 : 겨울철 관리에서 가장 실수하기 쉬운 것이 바로 물 부족에 의해 월동 순이 약해지는 것이다. 국화는 밤에 줄기와 뿌리가 얼더라도 낮이 되어 온도가 올라감에 따라 언 것이 풀리는 지역이라면 냉해(冷害)의 걱정은 하지 않아도 되지만, 잎이 밑으로 축 처질 정도로 시드는 것이 반복되면 월동 순은 극도로 약해지게 된다. 이것은 배양토가 너무 건조해져서 뿌리가 말라죽기 때문이다. 따라서 겨울철이라 해도 화분의 배양토 표면이 건조해지면 화분 바닥에서 물이 흘러나올 정도로 충분히 주어서 시들지 않게 해주는 것이 중요하다.
- 비료 : 성장이 활발하지 않으므로 특별히 건조비료를 시비할 필요는 없지만, 10일에 1회 정도 액비를 여름철보다 묽게 타서 물주는 대신 주면 된다.
- 병충해 방제 : 겨울철에는 병해충의 피해가 거의 없지만, 한낮이 되어 따뜻해지는 장소에는 진딧물이 활동할 수 있으므로, 물줄 때 주의 깊게 살펴보고 진딧물이 보이면 바로 살충제를 살포한다.

재배계획의 수립

작년 전시회 등을 통해 알게 된 새로운 품종 등에 대한 정보를 정리하여 올해 재배할 품종들을 정하고, 각 품종의 재배 화분 수 및 품종의 입수 방안 등에 대한 계획을 세운다. 너무 많은 품종의 재배를 계획하면, 품종 개개의 특성에 맞는 관리가 어려워 좋은 결과를 내지 못하기도 한다.

2월의 관리

> ✎ 2월 말에서 3월 초에 걸쳐 월동 순을 적심한다.
> ✎ 국화 재배에 사용되는 도구를 만들거나 준비한다.

방한 대책과 묘 관리

여전히 동해를 입을 수 있으므로 온실 문을 잘 닫아주어 피해를 받지 않도록 주의를 해야 하며, 월동 순이 햇빛을 잘 받을 수 있도록 해준다.

• 물주기 : 물 부족에 주의하면서 너무 추운 날은 약간 적게 물을 준다.

월동 순의 적심과 추비(追肥)

2월 하순이 되면 월동 순의 뿌리가 활동을 시작하므로, 2월 말에서 3월 초에 걸쳐 월동 순을 적심한다. 이 시기에 적심하고 4월 초에 한 번 더 적심을 해주면, 5월 초순의 삽수 때에 삽순을 많이 받을 수 있다. 이 시기의 월동 순은 아직 본격적으로 자라지 않고 순의 끝부분이 뭉쳐있기 때문에 적심이 쉽지 않다. 핀셋이나 이쑤시개 등을 사용하면 성장점 제거가 쉽다.

필자의 경우, 적심 시기에는 엄지와 인지의 손톱을 적당히 길러서 두 손가락의 손톱을 이용해서 적심한다.

• 추비 : 2월 말에 건조비료를 시비한다. 양지(陽地)에 심은 것이나 따듯한 온 실 안에 있는 화분의 월동 순은 활동을 시작하므로 영양분 공급이 필요하다. 비료가 부족하면 좋은 삽순을 얻을 수 없다.

꽃받침, 인바인더 및 유인구 준비

화분에 세운 지주의 각이 너무 크면 꽃과 꽃 사이가 너무 벌어져서 볼 품이 없어지며, 각도가 너무 작으면 꽃과 꽃이 부딪혀서 손상을 받게 된 다. 따라서 지주의 간격과 각도를 조절할 필요성이 생기는데, 이때 사 용하는 것이 인바인더이다. 인바인더는 지주의 간격과 각도를 조절해줄 뿐만 아니라 지주를 화분에 고정하는 역할도 한다.

2월은 비교적 바쁘지 않은 시기이므로, 이 시기를 이용하여 필요한 준 비물을 구입하거나 재료를 구입하여 꽃받침이나 인바인더를 만들어 둔 다. 또한 바닥망도 크기에 맞게 잘라 놓는다.

3월의 관리

☙ 건조비료를 만든다.
☙ 월동 순의 봄 포기나누기의 적기는 20일 전후이며, 빠를수록 좋다.
☙ 해충이 활동을 시작하므로 살충제를 10일 정도의 간격으로 살포한다.

건조비료 만들기

밤 온도도 많이 풀리므로, 3월 초순에 건조비료를 만드는 것이 좋다. 온도가 올라간 다음에 만들면, 구더기가 생기고 파리가 들끓을 수 있다. 만드는 양은 다음 해 4월까지 쓸 양에 여유분을 더한 양으로 한다.

미강(쌀겨), 깻묵, 멸치 등의 각 재료를 잘 섞은 다음, 물을 조금씩 뿌려 가며 작은 삽으로 잘 반죽한다. 물의 양이 적어도 발효가 순조롭지 못하고, 물의 양이 많아도 발효가 되지 않는다. 건조비료를 만드는 발효는 호기성 발효이므로 산소 공급이 원활해야 하는데, 수분이 많으면 안쪽으로는 산소가 통하지 못하게 되어 발효가 표면에서만 일어나게 되며 강한 악취가 난다.

적당한 수분량은 두 손으로 재료를 눈덩이 뭉치듯 뭉쳐서, 그것을 가슴 높이에서 지면에 떨어뜨려 옆으로 흐트러져 부서지는 정도가 알맞다. 수분이 다 없어져서 발효가 중단되면 발효된 덩어리를 부수어 가루를 낸 다음 수분을 가해서 한 번 더 발효시킨다. 적당량의 수분으로 발효시켜 강한 냄새가 풍기지 않도록 발효시키는 것이 중요하다.

발효가 끝나면 건조된 상태에서 잘게 부수어 햇빛이 통하지 않는 용기에 넣어 보관한다.

월동 순의 봄 포기나누기

전년도 11~12월에 월동 순(지하경)을 포기나누기하지 않은 화분은 3월 20일 전후에 뿌리나누기해서 5~7호 화분에 심는다. 이미 뿌리가 활동하고 있으므로, 긴 뿌리는 잘라내고 뿌리에 붙어있는 배양토의 형태가 부서지지 않도록 조심해서 심는다.

부엽토의 숙성

산에서 완전히 썩지 않은 부엽토를 채취한 경우에는 그 부엽토 30리터에 미강과 깻묵을 3:1로 섞은 것을 1리터 비율로 혼합하고, 물을 적당히 더해서 발효시켜 완전히 부패시킨다. 완전히 썩지 않은 부엽토를 사용하면, 화분 안에서 썩으면서 열을 내어 뿌리에 손상을 주게 된다.

- 병해충의 관리 : 진딧물 등 병충해가 나오기 시작하는 시기이므로 살충제와 살균제를 살포한다.
- 추비 : 3월 말에 건조비료를 시비한다.

4월의 관리

✎ 삽수할 삽순을 따낼 튼튼한 월동 순을 키운다.
✎ 이달 안에 배양토를 조합해서 숙성시킨다.

월동 순의 적심과 관리

월동 순의 적심으로 자라난 옆 가지는 기온이 올라감에 따라 튼튼하게 자라기 시작한다. 4월 초에 세력이 좋은 옆 가지는 적심을 해서 4월 25일 7간작용 묘를 만들 삽순을 잘라낼 수 있도록 해준다. 그 나머지 가지도 때를 보아 적심하여 옆 가지가 나오도록 해서 5월 10일경의 3간작 삽수용 삽순을 잘라낼 수 있도록 한다. 액비를 일주일 간격으로 시비하여 튼튼한 삽수용 순으로 키운다.

• 물주기 : 이 시기에 물기가 없어 잎이 시들게 되면, 옆 가지의 줄기가 단단해지면서 성장 장애를 일으키게 되므로 화분 바닥 구멍으로 물이 흘러내릴 정도로 충분히 물을 준다. 단단해진 가지를 삽순으로 사용하면, 발근도 잘 안될

뿐만 아니라 묘로 사용하여도 성장이 아주 나쁘므로 사용하지 않아야 한다.

배양토 조합

배양토는 각 원료를 조합하여 2개월 이상 숙성시키는 것이 바람직하므로 4월에 조합해서 쌓아두고, 5월 말에서 6월 초에 사용할 수 있도록 해놓는다.

병충해 관리

해충은 국화잎혹파리, 아메리카잎굴파리, 총채벌레, 진딧물 등이 발생하므로 살충제와 살균제를 함께 살포한다.

7간작용 삽수

4월 25일경에 7간작용 삽수를 한다. 이 삽수는 5월 15일경이면 뿌리가 나오므로 5호 화분으로 이식한다. 7간작은 7대를 만들기 위해 1차 적심에서 4대를 만들고, 다시 그 4대에 대해 2차 적심을 해서 8대를 만들기 때문에 적심을 한 번만 하는 3간작보다 삽수를 빨리해야 한다.

액비의 준비

건조비료 중 일부를 수분을 가하며 완전히 발효시킨 후, 물을 받은 물통에 넣어 진한 액비를 만들어 둔다. 이 액비는 햇빛을 받게 하면 질소가 분해되므로, 뚜껑을 잘 닫아 어두운 곳에 둔다. 사용할 때는 물에 희석해서 사용한다.

• 추비 : 4월 말에 건조비료를 시비한다.

5월의 관리

✔ 좋은 묘를 만들기 위해서는 철저한 삽순 관리가 중요하다.

✔ 5월 10일경에 분상 3간작용 삽수를 한다.

✔ 삽수한 삽순에 2cm 정도 뿌리가 내렸을 때 5호 화분에 가식한다.

삽수와 그 관리

본격적인 국화 재배가 시작되는 달로, 좋은 묘를 만들기 위해서는 줄기와 잎이 충실하고 세력이 좋은 옆 순을 키워서 그것을 삽순으로 사용하는 것이 중요하다. 튼튼한 옆 순을 받아서 삽수한 삽순에 가능한 짧은 시일 안에 뿌리를 내리게 한 뒤, 때를 놓치지 않고 5호 화분에 옮겨 심고, 묘(苗)의 세력이 살아있는 동안에 비료를 주어 힘 있게 성장시키는 것이 순조롭게 이루어졌을 때, 비로써 좋은 묘의 진가가 나타난다. 따라서 삽수에서 5호 화분으로의 가식(假植)까지의 과정에는 세심한 주의가 필요하며, 그 시기를 놓치면 안 되는 것이다.

• 삽순을 자르는 방법 : 국화의 삽수에는 심삽수(心揷芽)와 경삽수(莖揷芽)가 있

다. 심삽수는 국화 줄기의 끝의 성장점이 있는 부분을 4~5cm 잘라서 하는 삽수이고, 경삽수는 심삽수를 잘라내고 남은 줄기에서 잘라낸 삽순으로 하는 삽수를 말하는데, 3간작이나 7간작 묘는 심삽수로 묘를 만들며, 1간작은 경삽수로 묘를 만든다. 줄기가 단단하지 않으면서 굵고 잎이 두꺼운 순이 좋다.

• 발근제 사용법 : 국화는 발근제를 사용하지 않아도 발근하지만, 발근제를 사용하면 발근하는 뿌리 수가 많아지며, 발근에 필요한 시일도 단축할 수 있어 재배자 대부분이 발근제를 사용한다.

발근제의 사용법은 점토를 물에 풀어 죽 같은 상태로 만든 다음, 발근제를 적당량 넣고 잘 혼합한 뒤, 삽순의 자른 단면에서 3mm 정도까지 칠해서 삽수한다. 점토가 없는 경우에는 약간 진할 정도로 발근제를 탄 물에 삽순의 끝부분 1cm 정도를 약 20분 담갔다가 삽수해도 된다.

• 관리의 포인트 : 가능한 한 햇빛을 맞게 하고, 삽수 상자의 물기가 약간 부족할 정도로 유지하는 것이 발근을 앞당긴다. 그렇다고 해서 삽순의 끝이 완전히 고개를 숙일 정도로 시들게 하면 삽순이 크게 약해지므로, 처음에는 기온이 올라가지 않는 아침 동안만 햇볕을 받도록 하고, 6일째부터는 점차 햇볕을 받는 시간을 늘려서 10일째에는 오전 햇볕을 받게 한다. 상태를 보고 13일 정도부턴 오후에도 햇볕을 받게 해서 발근을 촉진한다.

삽수 초기에 삽순의 끝이 고개를 숙일 정도로 시들 때에는 실내로 옮겨 신문지 등으로 덮어서 하룻밤 지나면 회복한다. 가능한 밝은 곳에서 야간에는 잎에 생기가 회복할 정도로 관리하면, 후국의 경우 삽수 후 20일 정도에 5호 화분으로 가식(假植)할 수 있다. 통풍이 나쁘고 어두운 곳에 오래 두면 삽수 상자의 습기에 의해 삽순의 잎에 병이 생기고 줄기가 썩기 쉬우므로 주의가 필요하다.

화분 가식과 관리법

삽순이 발근하여 뿌리가 2cm 정도 자랐을 때가 화분으로 가식하는 적기이다. 그 이후에도 삽수 상자에서 자라게 하면, 비료기가 없는 곳에서 콩나물처럼 자라면서 줄기는 단단해지고, 잎은 얇고 커지지 않아 묘(苗)로 쓰기에는 적합하지 않게 된다.

참고로 필자는 삽수 후 17일째부터 후국의 삽순을 무작위로 뽑아보며, 발근이 시작되면 식물활성제를 엷게 타서 준다.

앞에서 설명한 가식 방법에 따라 5호 화분에 묘를 가식하고, 나무젓가락을 세워 묶어 바람이 불어도 묘가 흔들리지 않고 뿌리가 빨리 활착할 수 있도록 해준다. 또한, 가식이 끝나면 품종명과 가식 날짜를 기입한 라벨을 반드시 꽂는다.

필자는 가식할 때 묘가 놓일 자리에는 미리 물을 조금 뿌린 다음 묘를 얹어 놓고 배양토로 2~3cm 덮고 가볍게 눌러준 다음 뿌리가 묻힌 부분에만 물을 주어 뿌리 부근만 적시는 방법을 사용한다. 이것은 배양토에 들어있는 영양 요소가 물주기에 의해 화분 밑으로 유출되는 것을 방지하기 위함이며, 뿌리가 어느 정도 화분에 퍼질 때까지는 화분 바닥 구멍으로 물이 빠져나오지 않을 정도로 물 양을 적게 준다.

묘를 심은 화분은 처음 2~3일간은 오전에만 햇볕을 받게 하고, 그 이후는 종일 햇빛을 맞도록 하는 것이 좋다.

• 병충해 방제 : 4월과 같이 10일 정도 간격으로 방제한다.

6

6월의 관리

묘(苗)의 적심

6월 10일까지에 걸쳐 적심을 하는데, 단간성(短幹性)부터 먼저 해준다.

품종에 따라서는 적심 후에 나오는 천·지·인 3가지의 절간이 너무 벌어지거나, 천만 너무 급성장하거나 인의 저성장으로 인하여 3가지의 균형이 안 잡히는 경우가 있다. 이런 경우에는 성장억제제를 800배 정도로 묽게 타서 적심 2~3일 전에 살포해주면 어느 정도 효과를 볼 수 있다. 그러나 대부분 품종은 성장억제제를 사용하지 않더라도 천지인의 균형이 조화롭게 잡힌다.

가지 유인

가지 유인은 어렵고 시간이 오래 걸리는 작업이나 미루면 더 어려워지는 작업이므로, 그날 유인해야 할 화분은 밤 작업을 해서라도 미루지 않고 처리해야 한다. 유인 시기를 놓치면 가지가 굵어지고 단단해져서 굽힐 때 부러지기 쉽다. 필자는 능숙한 편이지만, 화분 하나를 유인하는 데 30분 정도는 걸린다. 따라서 휴일 아침부터 밤늦게까지 작업하더라도 하루에 25화분 유인하기가 쉽지 않다. 그러나 유인 시기를 놓친 것은 1시간 이상 걸리면서도 대부분 실패로 끝난다. 줄기가 너무 굵고 단단하여 실패할 가능성이 큰 화분은 롱로이즈로 가지의 굽힐 부분을 가볍게 집어서 어느 정도 흐물흐물하게 해준 다음에 굽힌다. 흐물흐물해진 부분은 며칠 지나면 제힘으로 치유하면서 회복한다.

정식할 때나 유인할 때 가져야 할 마음 자세는 여유로운 편안한 자세가 필요하며, 관리할 화분 수가 많으면 관리상 좋은 작품을 만들어 낼 가능성은 떨어지므로 욕심을 부리지 말고 관리 가능한 화분 수로 줄이는 과감성이 필요하다. 화분 수를 줄이는 기회는 5호 화분으로의 가식 때, 정기 때 그리고 정식 때로 묘가 안 좋거나 성장이 떨어지거나 3가지의 균형이 없는 것은 과감히 제외하는 것이 좋은 작품을 만드는 필수 조건이라는 것을 명심해야 한다.

정식용 배양토 조합

6월 말부터 정식(定植)이 시작되므로 아직 조합해놓지 않았다면, 이달 중순까지는 정식에 사용할 배양토의 조합을 마치고 쌓아서 숙성시킨다.
• **병충해 관리** : 흰가루병, 백수병(白銹病)이 발생할 시기이므로 약제를 살포한다.

7월의 관리

🍂 8호, 9호 화분에 정식을 하는 시기로 7월 10일까지는 정식을 마친다.
🍂 유인 때 가지와 알루미늄선을 감았던 비닐 테이프를 제거한다.
🍂 응애가 발생하는 시기이므로 10일 간격으로 응애약을 살포한다.

정식방법

7월에 들어서면 7간작을 시작으로 가식 화분에서 꽃을 피우는 화분으로 옮겨 심는 정식을 시작한다. 정식 시기는 가식한 5호 화분의 밑면 배수구로 뿌리가 2~3개 나오면 화분 안에 뿌리가 꽉 찬 것으로 판단하고 정식을 한다.

5호 화분을 들고 윗면 언저리를 손바닥으로 내려치면, 뿌리가 감싼 배양토를 흐트러지지 않고 쉽게 화분에서 빼낼 수 있다. 가식 화분에 뿌리가 돌지 않았으면, 뿌리가 도는 것을 기다렸다가 정식을 해주는데, 아무리 늦어도 7월 15일까지는 마치는 것이 바람직하다.

정식 화분에 가식 화분에서 뺀 뿌리 덩이를 놓을 위치까지 배양토를 나무막대로 두들겨 다져 채운다(그 2cm 정도 밑의 3곳에 건조비료를 기비(基肥)로 넣어준다.). 가식 화분에서 뺀 뿌리 덩이를 놓을 위치는 앞에서 설명한 것과 같이 유인한 가지가 지주에 닿아 위로 굽히는 높이와 밀접한 관계가 있으므로 잘 조절해야 한다. 유인에 큰 무리가 없다면 정식 화분 위 언저리에서 5~7cm 밑에 가식 화분에서 뺀 흙덩이의 윗면이 위치하게끔 높이를 조절하는 것이 적당하다.

정식을 마치면 라벨을 세운 다음, 120도 각도로 화분 안쪽 벽 3곳에 건조비료를 시비하고, 물을 준다.

화분 위치

정식한 국화는 배양토 조합이 양호하다면, 밤까지 수분을 머금고 있어 시드는 일은 없겠지만, 3~4시 사이의 한낮의 강한 햇볕에 국화잎이 탈 수가 있고, 또 화분이 햇볕에 뜨거워져서 뿌리에 손상을 가할 수가 있으므로, 이 시간대의 햇살을 피하는 장소가 좋다.

필자의 경우, 토기 화분은 여름철에 햇볕에 의해 온도가 상당히 올라가므로 주방용 알루미늄 포일로 감싸서 햇빛을 반사하여 온도가 올라가지 않게 해주었는데, 상당한 효과를 보았다. 정흥우근 등과 같은 품종은 특히 햇볕에 쉽게 타서 잎의 색상이 누렇게 바뀌어 가을이 되면 낙엽 지기 쉬우므로 이런 품종은 2~4시 사이의 뜨거운 직사광선에 대해 어느 정도 차광을 해주는 것이 바람직하다.

옆 순 처리

7월 중순에 들어가면 국화 줄기와 잎 사이에서 옆 순이 나오기 시작한다. 국화로서는 가능한 많은 꽃을 피우기 위해 옆 순을 뻗어내는 것이 생리이겠지만, 꽃수가 많아지는 만큼 꽃 크기가 작아지므로 한 송이의 큰 꽃을 피우기 위해서는 그 옆 순을 제거해야만 한다.

옆 순은 2~3cm 이상 자라기 전에 제거하는 것이 좋으며, 한꺼번에 모아서 제거하면 국화의 생리에 악영향을 미칠 가능성이 있으므로 매일 보이는 데로 2~3개씩 제거해주는 것이 바람직하다.

물주기와 시비

물주기는 정식 후 며칠간은 가식 화분에서 빼낸 부위 안쪽에만 물을 주며, 밑면 배수구로 물이 나오지 않도록 조금씩 준다. 그런 후에 매일 아침 1회 배수구로 물이 약간 흘러나올 정도로 물을 준다. 적당량의 물을 한 번에 화분 배양토에 골고루 흡수되도록 퍼트려 주는 것이 물주기의 요령이다. 아침 물 줄 때 잎의 상태를 살펴보고 비료기가 부족하면, 주 1~2회 질소 · 인산 · 칼륨의 3대 요소가 균형적으로 들어있는 액비를 물에 희석해서 물주기를 대신해서 시비한다.

병충해 관리

응애가 발생하는 시기에 접어들었으므로, 철저한 관리가 필요하다. 응애 발생의 원천이 되는 온실 안이나 온실 주위의 잡초는 반드시 제거해야 한다. 응애는 잎 뒷면에 붙어 서식하므로 응애약은 잎 뒷면에 중점적으로 살포해야 한다. 약에 대한 내성을 쉽게 만드는 해충이고 알로 번식하므로 응애를 제대로 잡으려면, 약을 바꿔 가면서 3일 간격으로 3회 정도 살포하면 거의 없앨 수 있다. 살포시 주의해야 할 점은 국화 잎 한 잎 한 잎 앞뒤를 빠짐없이 살포해주어야 한다는 점이다.

8월의 관리

❧ 물은 온도가 올라가지 않은 아침에 충분히 준다.

❧ 하순에 종비(終肥)를 시비한다.

옆 순 처리

7월과 같은 방법으로 처리해 준다.

증토(增土)[29]

정식을 마치고 10일 정도 지나 시비한 후 20일 정도 지나면 비료기가 끊어지므로, 다시 시비(追肥)한다. 정식 후 처음 시비한 위치에서 30도 오른쪽으로 이동한 3곳에 시비하고 한 다음, 그 위를 배양토로 1cm 정도 증토를 해준다.

예를 들어 7월 1일에 정식하고 7월 10일에 건조비료를 시비하였다면,

---

29 숙근 초화류 등의 뿌리나 눈이 지상부에 노출되어 생장이 나빠지는 것을 막기 위하여 흙으로 덮어주는 작업. 넓은 의미로는 토양을 보충해서 작물의 생육이 잘되게 하는 작업이다.

7월 31일에 추가 시비하고, 8월 24일에 다시 추비 한다. 후국, 후주국의 경우, 추비를 8월 25일을 넘어서 주면 꽃의 세력이 너무 좋아져서 순한 꽃을 피우기 어려우므로, 8월 24일이나 25일의 추비를 마지막 비료인 종비(終肥)로 한다. 관국의 꽃잎은 질소에 민감하여 조금만 지나쳐도 꽃잎이 뒤틀리므로 8월 15일 전에 종비를 준다.

버들눈의 처리

품종에 따라서는 8월에 들어가면서 국화 성장점에 버들눈이 생기기 시작한다. 이것은 국화가 생리적으로 가지를 많이 내서 많은 꽃을 피우기 위해서이다. 8월 20일 이전에 나오는 버들눈에는 꽃봉오리가 만들어지지 않으므로, 생기는 데로 잘라 없애고, 버들눈 바로 밑의 4개 정도의 옆 순이 나오는 곳을 지주에 묶어주고 옆 순이 2cm 이상 자라기 전에 800배 정도의 B-9을 옆 순에 칠하고 지주에 세워 묶는다. 이때 옆 순 바로 밑에 붙어있는 잎과 함께 세워서 지주에 묶으면, 옆 순을 부러뜨릴 염려가 없어진다. 지주에 굽혀 세운 순 이외의 옆 순은 모두 제거한다.

반면 8월 25일 이후에 생기는 버들눈은 버들눈 성향이 약하기 때문에 차광을 하여 순하게 해주던가 옆 가지를 달아 영양 분산을 해주면 큰 꽃을 피울 수가 있으므로 잘라 없애지 않고 꽃봉오리가 맺히게 하는 것이 좋다. 이 시기에 생긴 버들눈을 없애고 옆 가지에 꽃봉오리를 맺히게 하는 것은 개화가 너무 늦어지게 된다.

결국, 대국 재배자라면 8월 20일에서 8월 25일 사이에 나오는 버들눈 처리에 큰 고민을 하지 않을 수 없게 되는 것이다. 그것은 이 시기에 나오는 버들눈에는 어느 정도 꽃봉오리 같은 꽃봉오리가 맺혀 간혹 거대한 꽃을 피울 수도 있으나, 대체로 순한 꽃이 피지를 않는다. 또한 이 시기의 버들눈을 없애고 옆 순을 세우면 개화가 늦어지고 꽃 크기가 작아지는 면이 있기 때문이다.

버들눈에서 만들어진 꽃봉오리는 만들어진 시기에 따라 버들눈의 성향이 다른데, 일찍 만들어진 것일수록 버들눈의 성향이 강해서 정상적인 꽃을 보기 어렵다. 버들눈 성향이 강할수록 꽃봉오리 안에 작은 꽃봉오리가 들어있거나 꽃봉오리를 감싸고 있는 포엽이 단단해서 꽃이 피기 힘들어지며, 피더라도 꽃잎이 뒤틀어지고 순하지 않아서 좋은 꽃을 기대하기 어렵다. 그러나 버들눈 성향이 적당히 있으면, 거대한 꽃을 피울 수 있으므로 버들눈에 꽃을 피울 것인가 옆 순에 꽃을 피울 것인가에 대해 큰 고민을 하게 되는 것이다.

필자의 경우, 버들눈 처리에 있어 관국은 발생 시기에 상관없이 옆 순으로 개화하고, 후국이나 후주국의 경우 8월 25일 이후에 나오는 버들눈에는 꽃봉오리를 달고, 10일 정도 차광을 해서 꽃봉오리를 순하게 해주면서 옆 가지를 잘라내지 않고 꽃봉오리를 달아 영양분을 분산시키면서 꽃을 피운다.

9월의 관리

증토

9월에 접어들면 후국 계통의 국화는 화분 배양토 위로 잔뿌리를 내기 시작한다. 이 뿌리를 표근(表根)이라 부르는데, 꽃봉오리를 키우고, 꽃을 피우는 뿌리로서 대단히 중요하다. 이 표근이 충분히 발달하지 않으면 큰 꽃을 피울 수 없다고도 한다.

이것은 국화의 특성상 봄부터 자라기 시작한 뿌리가 거의 최대한 성장을 했기 때문에 새로운 뿌리가 생겨나온 것으로, 이 뿌리는 화분 재배에서뿐만 아니라 밭 재배에서도 꽃봉오리가 나올 시기에는 줄기 근처에 흙을 증토 해서 표근의 발달을 도와주는 것이 국화 재배 포인트다.

분상 대국 재배에서는 9월 초부터 화분 윗면의 표근 상태를 확인하면서 조금씩 증토를 하는데, 9월 1일경, 10일경, 20일경에 1~1.5cm 정도씩 배양토로 증토 해주는 것이 중요하다.

물텀벙

9월 15일경이 되면 꽃봉오리도 제법 커지는데, 이 시기에 화분 안에 남아 있는 질소 성분은 개화에 도움이 안 되며, 오히려 개화 후에 꽃이 썩기 쉽게 한다. 또한 화분 안에는 물이 흘러내리는 길이 생겨서 수분 공급이 잘되지 않는 부분도 있을 수 있으므로, 물텀벙을 해서 화분 안 뿌리 전체에 활력을 주는 것이 좋다.

꽃봉오리 정리(적뢰(摘蕾))

9월 초부터 10일 정도에 걸쳐 후국 계통은 꽃봉오리가 맺히며, 관국 계통은 후국 계통에 비교해 5일 정도 늦게 나타난다. 버들눈에 생기는 것과 같은 단 꽃봉오리의 경우는 한 가지에 1개의 꽃봉오리만 생기므로 적뢰할 필요가 없으나, 올망졸망 꽃봉오리인 경우는 사과나 복숭아 적 과(摘果)처럼 좋은 꽃봉오리만 하나 남기고 나머지는 제거한다.

적뢰 시기는 꽃봉오리가 팥알 정도로 커졌을 때가 적기이다. 꽃봉오 리에 이상이 없을 때는 가운데 꽃봉오리인 심뢰(心蕾)를 남겨서 꽃을 피 우는 것이 바람직하다. 후국 계통은 심뢰 아래쪽에서 나온 옆 가지는 모 두 제거하지만, 1번, 2번, 3번, 4번, 5번 가지 중에서 2번이나 3번 가지 에 생긴 꽃봉오리의 심뢰는 남겨서 만약의 사태를 대비한 예비 꽃봉오 리로 사용할 수 있도록 한다. 관국 계통은 일반적으로 태관(太管)과 간관 (間管)은 중앙 가지의 심뢰를 피우고, 세관(細管)과 침관(針管)은 옆 가지의 심뢰를 피우는 것이 정설(正說)로 되어 있으나, 최근에는 세관과 침관도 중앙 가지의 심뢰를 피우는 경우도 많아졌다. 관국(管菊)은 가장 순하게 핀 것을 선택하면 되므로 꽃의 개화를 조절하기 위해서도 2, 3번의 옆 가지에도 꽃을 피웠다가 적당한 시기에 제거하는 것이 보통이다. 옆 순 의 꽃을 제거하면 그만큼 남아 있는 꽃의 개화가 빨라진다.

화분 돌리기

국화 꽃봉오리는 해를 향하기 때문에 화분을 돌리지 않고 그냥 두면 햇볕이 드는 쪽으로 기울어 꽃 목이 휘게 되어, 개화해도 꽃이 한쪽으로 기울게 된다. 꽃봉오리가 생긴 이후에는 며칠 간격으로 화분을 120도 정도씩 돌려주어 잎사귀와 줄기 및 꽃봉오리가 햇볕을 골고루 받도록 해주는 것이 좋다.

국화 줄기와 지주 묶기

천 · 지 · 인의 3줄기를 각 지주에 보기 좋게 묶어준다. 3~5mm 폭의 청색이나 검은색 비닐 테이프로, 7~10cm 정도의 간격으로 묶어준다.

병충해 관리

일단 개화가 시작되면 진딧물이나 응애가 꽃잎 안으로 들어가 구제하기가 거의 불가능하게 되므로, 개화하기 전에 철저하게 구제한 다음 전시회 등에 출품해야 한다. 완전하게 구제하지 않고 출품한 경우, 얼마 지나지 않아 꽃이 진딧물과 응애의 집단서식처가 되어버리고, 옆 화분에까지 피해를 주게 된다.

필자의 경우 개화하기 10일 전쯤에 3일 간격으로 3회 응애약과 진딧물약을 섞어서 살포한다. 그러면 알에서 깨어난 응애까지 없앨 수 있다.

꽃 비료 시비

꽃을 보다 크게 개화시키기 위해 P, K 액비를 시비한다. 9월 중순부터 10월 중순까지 1,200배 정도 희석해서 3~5일 간격으로 아침 물주기를 대신하여 시비한다.

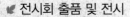

10월의 관리

꽃받침 달기

10월에 들어서면서 개화를 시작한다. 꽃봉오리가 벌어져서 꽃잎이 어느 정도 밑으로 쳐졌을 때가 꽃받침을 달아주는 시기이다. 꽃받침의 지름은 후국은 12~15cm, 후주물은 15~18cm, 관국은 15~21cm가 적당하다.

꽃받침을 붙이기 전에 먼저 꽃 목을 지주에 단단히 묶어 고정해야 한다. 꽃 목을 지주에 고정하지 않으면 나중에 꽃이 기울어져도 바르게 고칠 수 없다. 많이 핀 국화의 꽃 목을 묶으려면, 꽃잎에 손상이 줄 수 있으므로, 바닥 꽃잎이 밑으로 쳐지기 시작하는 시기가 되면 꽃 목과 지주를 끈으로 두 번 감아서 확실하게 묶는다. 꽃 목을 묶은 다음에도 꽃 목이 자라므로 자주 확인해서 자란 만큼 지주를 올려주지 않으면 묶어 놓은 꽃 목이 휘어서 부러질 수도 있으므로 주의한다.

화분의 이동

그간 키워온 국화 화분은 10월 중순이 되면 전시장으로 옮기기 시작한다. 국화 재배장소에서 전시장까지의 거리는 먼 경우에는 수백km도 될 수 있으며, 가깝다고 하더라도 수 km에서 수십km를 이동해야 한다.

이렇듯 가깝지 않은 거리를 운반할 때, 가장 주의해야 할 것은 자동차 제동 때의 관성력이나 회전 때의 원심력 등에 의해 화분이 넘어지거나 옆 화분 국화와 부딪혀서 잎이 떨어지거나 꽃에 손상을 주지 않도록 하는 일이다. 화분 운반 때는 바람을 막아야 하므로 탑차형 트럭을 사용해야 하며, 화분의 천·지·인 지주에는 브레이스(Brace)를 붙여서 흔들리지 않게 해주고, 충분한 간격을 확보한 화분 사이에는 모래주머니를 충분히 채워 넣어서 화분이 움직이지 않게 해준다.

또한, 어느 정도 개화한 국화는 꽃잎이 진동으로 꽃받침에 반복적으로 닿으면 손상을 받아 검게 변해 뽑아주어야 하므로, 꽃받침 위에 부직포를 깔고 꽃받침을 위로 바짝 올려서 꽃잎이 흔들리는 공간을 없애주어 흔들리지 않게 해주어야 한다. 반대로 꽃이 그다지 개화하지 않은 국화는 꽃받침을 밑으로 내려주어서 꽃잎이 흔들려도 꽃받침에 닿지 않도록 해준다. 이동이 완료되어 전시 자리를 잡으면 꽃받침을 원래 상태로 되돌려 주고, 브레이스도 제거해준다.

꽃 손질

• 후국 계통 :

후국 계통의 품종은 대부분 9월 초에 꽃봉오리를 만들고, 10월 초에 파뢰(破蕾)하여 11월 초에 만개한다. 즉 꽃봉오리를 만들고 30일이 지나 개화하고, 또 그로부터 30일이 지나서 만개하는 것이 일반적이다. 그러나 품종에 따라서, 꽃잎 수가 적은 것은 25일에 만개하는 것도 있으며, 꽃잎 수가 많은 것은 35일 이상 걸리는 것도 있다.

국화꽃은 꽃잎 하나하나가 모여 전체를 이루는 총체화이다. 따라서 꽃잎 하나하나가 아름다워야 전체가 이름다운 것이므로 뚝 튀어나온 꽃잎이나, 완전히 옆으로 비틀어진 꽃잎, 형태가 변형된 꽃잎 및 주위의 꽃잎 안으로 파고든 꽃잎 등은 뽑아서 제거하는 것이 바람직하다. 제거할 꽃잎은 안쪽 깊숙히 끝이 넓은 핀셋을 넣어 안쪽 부분을 집어서 뽑으면 중간에서 끊어지지 않고 심까지 완전히 제거할 수 있다. 심까지 완전히 제거하지 않으면 꽃잎을 뺀 위치에 심이 남아 자리를 차지하고 있으므로, 옆이나 밑의 꽃잎을 이동시켜 뺀 자리를 메꿀 수 없게 되어 균형이 잡히지 않게 되므로 심까지 완전하게 제거해야 한다.

꽃을 손질할 때는 먼저 꽃받침을 밑으로 완전히 내려서 꽃잎을 꽉 잡는 힘을 없애서 자유롭게 꽃잎을 움직일 수 있게 해주어야 한다. 핀셋으로 변형된 꽃잎이나 손상된 꽃잎을 뽑아주고, 면봉이나 대나무로 깎아 만든 봉으로 옆으로 누운 꽃잎을 바로 세우는데, 이때 해당 꽃잎의 안쪽 심까지 움직여서 바로 잡지 않으면 금방 원래의 위치로 되돌아가므로 꽃을 고친 의미가 없어진다. 꽃 손질이 끝나면 바로 꽃받침을 원래대로 위로 올려주어서 꽃잎끼리 서로 꽉 잡고 있도록 해준다.

▲ 끝이 넓은 핀셋　　　　　▲ 꽃잎 정돈에 쓰는 대나무 봉과 면봉

　꽃 손질이 끝나면 꽃의 형태가 고치기 이전 상태로 돌아가지 않고 고친 그대로 남아 유지되도록 국화잎, 손수건, 헝겊, 가벼운 물건 등으로 눌러주기도 한다.

• 관국 계통 :

　관국 계통은 후국 계통보다 꽃 손질이 수월하지만, 후국보다 꽃잎이 약하고 섬세하므로 조금만 무리를 하여도 손상을 주므로 신중하게 손질해야 한다. 관국의 손질에 있어, 부러진 꽃잎 · 꺾어진 꽃잎 · 뒤틀린 꽃잎 · 기형적인 꽃잎 등을 뽑아주면서, 옆으로 굽은 꽃잎은 바로 펴준다.

　꽃잎을 뽑아 제거할 때는 핀셋으로 꽃잎 안쪽의 심 쪽을 집고 지긋이 뽑아야 중간에서 끊어지지 않고 완전하게 뽑을 수 있다. 관국은 꽃 중앙

의 화심(花心) 부분이 중요하므로 솜이나 티슈를 콘 모양으로 뭉쳐 넣어
서 형태를 잡아준다.

물주기

개화를 시작한 후에 물 부족이 일어나 잎이 시들게 되면 개화에 악영
향을 미치게 된다. 따라서 아침에 물을 충분히 주었지만, 부족할 것 같
으면 정오경에 한 번 더 물을 주어 저녁에 되어도 물 부족 현상이 일어
나지 않도록 주의한다. 저녁에 물을 주는 것은 금물이다.

11월의 관리

🍂 꽃이 진 뒤의 화분 관리
🍂 월동 묘의 관리 및 품종의 수집
🍂 10월과 11월은 국화전시장에 다니기 바쁜 시기이다. 국화전시장에는 많은 관람객이 모이는 곳이므로 국화 관람에 있어 꼭 지켜야 할 예의에 주의한다.

꽃이 진 뒤의 화분 관리

대부분의 국화는 개화하고 한 달이 지나면 만개를 한다. 후국은 만개한 후에 꽃의 중심부가 벌어져서 수정을 위해 암술과 수술이 나타나며, 그 후 다시 오므렸다가 다시 벌어지면서 꽃의 색깔도 붉게 변한다. 꽃의 수명을 다한 국화는 줄기가 지주에 닿은 곳에서 10cm 정도(화분 언저리 위에서 20cm 정도) 위에서 줄기를 잘라준다.

뿌리에서 계속 영양분을 빨아 공급하기 때문에 월동 순의 발생과 성장이 이루어진다. 정리된 화분은 이름표가 잘 부착되어있는가를 확인하고 같은 품종별로 구분하여 햇볕이 잘 드는 곳에 놓고, 건조비료를 시비한 다음, 질소를 포함한 액비도 4~5일 간격으로 몇 차례 시비한다.

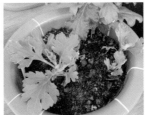

▲ 월동 순의 상태를 보고 줄기를 처리한다.

지주는 뽑아서 잘 닦은 다음 같은 길이의 것들로 묶어서 정리하고, 인바인더도 묶어서 정리한다. 꽃받침은 같은 크기로 분류해서 잘 묶어 다음에 쓸 수 있도록 정리해 둔다.

월동 순의 관리

대부분의 월동 순은 발생한 화분에서 월동시키는데, 가지를 잘라준 다음 월동 순이 잘 나온 화분은 3가지의 분기점 아래에서 줄기를 잘라주어 월동 순이 햇볕을 잘 맞도록 해준다. 월동 순이 너무 많이 나온 화분은 중심 가지에서 될 수 있는 한 멀리 떨어진 튼튼한 월동 순만 남기고 제거하여 채광성과 통기성을 확보해준다.

묘를 화분에 얕게 심어서 지하경의 발달하지 않았거나 지하경이 잘 나오지 않는 품종이라 월동 순이 나오지 않는 화분은 가지에서 옆 순이 나온 것이 있다면, 하루빨리 그것을 삽수하여 월동 순을 대신한다.

품종 수집

가지고 있지 않은 품종이나 필요한 품종의 입수를 위해 품종을 교환하거나 분양받는 시기이다. 입수한 월동 순은 스티로폼 상자에 묻어서

(뿌리가 조금이라도 붙어 있는 것이 좋으나, 아직 지하경으로 뿌리가 없는 것은 순이 보이지 않도록 완전히 묻어준다.) 월동시킨다.

또한, 국화전시장에서는 조그만 포트에 심은 가을 묘를 판매하는데, 꽃을 직접 보면서 저렴한 가격에 입수할 수 있으므로 이런 묘를 활용하여 다음 해의 국화 품종을 수집하는 것도 바람직하다. 가을 묘는 5~7호 화분에 바로 옮겨 심고 시비하여 성장을 촉진한다.

이때 품종 이름을 적은 이름표를 개개의 월동 순 앞에 확실하게 꽂아 두어야 한다.

물주기 관리

화분이 건조해지면 월동 순의 성장에 큰 지장이 생기므로 평소와 같이 아침에 1번 충분히 물을 준다.

국화 감상 예의

① 전시된 국화에 손을 대면 안 된다. 특히 꽃이 예쁘다고 쓰다듬거나 만지는 관람객이 있는데, 이것을 절대 금물이다. 국화꽃은 아주 약하기 때문에 사람 손에 닿으면 바로 색이 바뀌어 보기 흉하게 되기 때문이다.

② 전시된 화분 언저리에는 이미 월동 순이 배양토 밖으로 순을 내밀고 자라기 시작한다. 옆 순이나 화분 언저리에 나온 월동 순을 뜯어가려 시도하는 사람이 있는데, 이것 역시 절대 금물이다.

③ 전시장에는 대개 사람의 접근을 막는 줄이 있는데도 불구하고 그 안쪽으로는 들어가 사진 촬영을 하려는 관람객이 있는데, 이것 역시 해서는 안 되는 행위이다.

12월의 관리

낙엽 채취

부엽의 준비

12월 중순 이전에 다음 해에 사용할 부엽을 준비하는 것이 바람직하다. 이 시기를 놓치면 날씨가 추워져 작업이 힘들며, 눈이 내리거나 하면 낙엽 채취가 더욱 어려워지기 때문이다.

① 부엽으로 쓸 낙엽은 참나무 계통이 좋다. 가장 좋은 것은 잎이 두꺼운 상수리나무이지만 다량으로 채취하기에 어려움이 있으므로, 참나무 잎으로 채취하는 것이 무난하다.

② 다음 해에 쓸 양의 참나무 낙엽을 40~80kg 자루에 꽉 눌러 담아 온다.

③ 물에 충분히 적신 다음, 깻묵과 쌀겨를 섞어 발효시킨다.

④ 비닐 등으로 덮어 놓으면 열을 내면서 발효를 시작한다. 열을 내지 않으면 발효가 멈춘 것이므로 물을 뿌리면서 뒤집어주고 다시 발효시킨다. 이런 작업을 3번

정도 해주면 발효가 완전히 끝나 더는 열을 내지 않는다.

병충해 관리

날씨가 추워져 병충해에 대한 특별한 관리는 필요 없으나, 날씨가 며칠 계속해서 따듯하면 진딧물이 발생할 수 있으므로 세밀한 관찰이 필요하며, 발생하면 살충제를 살포한다.

제5장

작품 종류별
재배기법의 포인트

① 분상 3간작

분상 3간작을 재배하는 데는 2가지 방법이 있다. 하나가 스트레이트 방법이고 다른 하나가 핀치 방법이다. 핀치 방법은 정식 후에 천·지·인 3가지를 적심하고, 적심으로 나온 옆 가지를 세워 키워서 성장을 한 박자 지연시켜 버들눈이 나오는 것을 2주일정도 지연시키는 방법이다. 따라서 삽수 시키는 단간은 4월 10일, 중간은 4월 20일, 장간은 4월 말로 삽수를 2주 정도 빠르게 한다.

스트레이트 방법은 정식 후, 적심 없이 그대로 키우는 방법으로, 개화 때의 잎 수가 핀치 방법보다는 적어 꽃이 약간 작다는 평이 있지만, 5월 10일경에 삽수하여 무리하지 않고 재배하는 일반적인 방법이다. 핀치와 스트레이트 재배법 사이에는 약 15일 정도의 성장 차이가 난다.

3간작의 재배 포인트는 약한 버들눈에 꽃봉오리를 달아서 적절하게 개화시키는 것이다. 올망졸망 꽃봉오리는 아예 개화도 시키지 않고 포기하는 전문 재배자도 있다. 핀치 재배이건 스트레이트 재배이건 최종적으로는 단 꽃봉오리가 오도록 하는 것이 포인트다.

②

달마

달마 재배는 7호 화분에서 꽃을 보는 축소형 분상 3간작으로, 화분 바닥에서 꽃 목까지 60cm를 넘지 않게 재배한다. 60cm 이하의 높이에 3줄기에 달린 큰 잎과 큰 꽃이 옆으로 벌어져 마치 가부좌한 달마대사의 모습을 연상시킨다고 하여 붙여진 이름이다.

묘 만들기

7월 초에 5호 화분에 가식을 하는 것이 적기이므로, 6월 10일에서 15일 사이에 삽수를 한다.

묘의 가식과 정식

7월 초에 5호 화분에 가식을 한다. 5호 화분으로의 가식과 8월 초 7호 화분으로의 정식방법은 분상 3간작과 같은 방법으로 한다. 배양토도 분상 3간작과 같은 배양토를 사용한다.

재배기법의 포인트

복조 재배와 마찬가지로 성장억제제(B-9) 처리를 하여 줄기의 신장을 억제하고, 비료 성분을 한계치까지 공급하여 줄기를 굵게 만들고 잎도 크게 만드는 것이 포인트이다. 후국 계통은 물론 관국까지도 화분이 작게 보일 정도로 잎을 크게 키우면, 거대한 꽃을 피울 수 있으므로 복조 재배와 마찬가지로 세력이 좋은 묘를 만드는 것이 중요하다.

복조 재배의 경우와 마찬가지로 삽수에 사용할 순에는 삽수 하루 전에 B-9을 살포하여 삽수 상자에서 절간이 늘어나는 것을 억제해야 한다. B-9의 배율은 500~600배가 적당하다. 잎을 크게 키워야 하므로 가식 후 5일경부터 건조비료를 3간작과 같이 화분 언저리 3곳에 시비하고 20일 정도의 간격으로 8월 25일까지 시비한다.

5호 화분에 가식한 후, 5일 정도 지난 후 500~600배의 B-9을 살포하고, 10일 정도 지났을 때 적심을 한다. 가지 유인은 가지가 12~15cm 정도 자랐을 때가 적당한 시기인데, 이 시기를 놓치면 B-9의 영향으로 줄기가 단단해져서 굽히기 어려워지므로 때를 놓치지 말아야 한다.

달마 재배는 3간작에 비해 화분이 작아서 수분 부족이 일어나기 쉬우므로 아침 물 줄 때 빠뜨리지 않도록 주의해야 하며, 9월 초순부터 9월 말에 걸쳐 화분 윗부분에 증토 해서 표근(表根)을 보호해준다. 증토(增土)는 1회에 약 1cm로 3회 정도 한다.

비료 주기

달마 재배는 후국과 관국 모두 잎을 크게 키우고, 줄기를 굵게 키우는 것이 포인트이다. 따라서 가식한 묘의 뿌리가 자라기 시작하면 바로 건조비료를 주고, 액비도 주어 튼튼하게 키워야 한다. 가식 후 7월 5일경 건조비료를 주고, 7월 23일에 추비, 8월 13일에 추비, 8월 25일에 종비를 시비한다. 9월 10일부터 10일 간격으로 희석한 인산(P)과 칼슘(K) 액비를 두 번 정도 준다.

성장억제제의 처리

정식 후 일주일 정도 지나 성장억제제(B-9)를 500~600배로 희석해서 살포해준다. B-9의 성장억제 효과는 25일 정도 유지되므로 25일 간격으로 꽃봉오리가 나올 때까지 500~600배로 만들어 살포해준다. 꽃봉오리가 나온 이후에는 꽃봉오리에는 닿으면 개화에 영향을 미치므로 꽃봉오리에는 닿지 않도록 B-9 용액을 붓에 묻혀서 꽃 목에 칠한다.

차광

신장을 60cm 이하로 억제하기 위해 사용하는 성장억제제 때문에 늦어지는 개화를 앞당기기 위해서는 차광을 해주어야 한다. 차광시기는 8월 17일부터 9월 5일까지 해준다.

달마 재배에 적합한 품종

단간종이 적합하나, 중간종 이하의 품종으로 개화가 빠르고 성장억제 효과가 잘 나타나는 품종이 적합하다.

③

복조(福助)

작품의 형상이 마치 커다란 머리에 정좌하고 있는 복을 불러온다는 외국의 복조란 인형을 연상시킨다고 하여 붙여진 이름으로, 복조는 성장억제제를 사용하여 짧은 재배 기간에 화분보다도 큰 꽃을 피우는 묘미가 있어 대국 재배의 한 기법으로 정착하면서 많이 사람들이 재배하는 기법이다.

7월 10일경에 삽수하여 8월 1일경에 정식하고, 9월 초에 꽃봉오리가 나와서 10월에 개화하는 짧은 재배 기간에 지름이 15cm인 5호 화분보다도 훨씬 큰 꽃을 피울 수 있으며, 3간작과 비교해도 꽃 크기에 전혀 손색이 없고 신장이 낮은 만큼 꽃이 크게 보이기 때문에, 대국 재배의 만족감을 충분히 얻을 수 있다.

화분 바닥에서 꽃 목까지의 높이를 40cm 이내로 억제하는 컴팩트한 재배기법이므로 정원이나 공지(空地) 원예가 아닌 베란다 원예로도 적합한 대국 재배기법이다.

재배기법의 포인트

복조 재배의 성패는 묘에 좌우된다는 것이 국화 동호인들 사이에 일치하는 의견으로, 품평회에 출품하는 사람들은 특히 묘 만들기에 힘을 쏟는다.

그렇다고 해서 특별히 어려운 비결이 있는 것이 아니다. 삽수할 순을 받을 가지를 튼튼하게 키워 세력이 좋은 가지의 순을 삽수에 쓸 수 있다면, 충분히 목적을 달성할 수 있다. 따라서 복조 재배는 "좋은 삽순을 받을 수 있도록 가지를 튼튼하게 관리하는 것에서 시작한다."라는 것을 염두에 두어야 한다.

- 모주(母株)의 입수 시기 : 복조 묘를 5호 화분에 정식하는 것은 8월 1일에서 5일 사이가 적기이다. 따라서 발근에 20일 걸린다고 보고 계산하면 삽수 시기는 7월 12일 정도가 적기가 된다. 3간작과 달마 재배용 순을 받은 모주(母株)를 8월 복조용 삽순을 받을 때까지 비료를 주며 잘 관리하든가 3간작이나 달마 재배에서 실패한 화분을 버리지 말고 복조 재배를 위한 모주(母株)로 관리하면 된다. 모주(母株)가 없을 경우는 5월 초에 묘를 입수해서 관리하는 것이 바람직하다.

- 모주(母株)의 이식 : 5월 초에 입수한 모주(母株)를 5호 화분에 심고 일주일 정도 지나면 뿌리가 활발히 자라기 시작하므로 건조비료를 3곳에 시비하고, 5일 간격으로 액비도 시비한다. 식재 12일 후에 1차 적심을 한다. 35일 정도 지난 6월 초순이 되면 화분 전체에 뿌리가 꽉 차므로 9호 화분에 이식해준다. 이식 방법은 3간작의 정식 때처럼 하면 된다.

- **2차 적심** : 6월 10일경에 가지가 제법 성장하므로 적심해서 옆 가지의 발육을 촉진한다. 늦어도 6월 15일까지는 적심을 해야 7월 12일경 삽순을 받을 수 있다. 적심으로 옆 가지가 자라나오는데, 위쪽의 가지는 튼튼하게 자라나오나, 밑으로 내려갈수록 가지의 세력이 약하므로, 세력이 약한 5~6번 이하의 옆 가지는 제거하여 남은 가지가 충실히 성장할 수 있도록 도와주는 것이 좋다.

- **추비** : 건조비료는 20일 정도 지나면 비료기가 없어지므로 20일 간격으로 건조비료를 3곳에 시비한다. 국화의 상태를 보면서 액비도 5~6일 간격으로 시비한다.

- **B-9의 살포** : 삽수 하루 전에 성장억제제인 B-9을 300배로 타서 삽순에 사용할 가지에 살포하여, 삽수 상자에서 발근하는 동안에도 성장을 억제하며, 5호 화분에 정식한 후 뿌리가 활착하여 B-9을 살포할 때까지 묘의 절간이 길어지지 않도록 한다. B-9은 일몰 후 살포하는 것이 바람직하며, 살포 후 며칠간은 비에 맞지 않도록 한다.

- **묘 만들기** : 7월 12일경에 삽수를 하는데, 삽수는 3간작의 삽수 때와 같은 방법으로 하면 된다.

묘의 정식

7월 말경에 삽순에서 2cm 정도 뿌리가 나오면, 바로 5호 화분에 정식을 한다. 늦어도 8월 10일까지는 정식을 마치는 것이 좋다.

- **배양토** : 복조 재배의 배양토는 3간작과 거의 같으나, 건조비료를 3% 정도 혼입시키고, 황토도 약간 작은 크기가 적합하다.

- **정식** : 정식에는 5호 화분을 사용한다. 묘를 가능한 화분 깊이 심어서, 성장함에 따라 증토(增土)에 의해 묘 때의 작은 잎이 화분의 배양토에 묻혀 보이지 않게 하며, 신장을 낮추는 데도 일조하도록 한다. 그렇게 깊이 심지 않더라도 심은 후 배양토의 윗면이 화분 위 언저리에서 4~5cm 정도 낮게 심어서 9월에 접어들면서 증토 공간으로 사용할 수 있도록 한다. 증토를 해주지 않으면 개화기에 뿌리가 화분에 꽉 차서 성장에 장해를 받게 되어 큰 꽃을 보기가 어렵다.

정식 후의 관리

복조 재배는 5호 화분에 심는 것이 정식이므로 더는 옮겨 심지 않는다. 정식은 조금 깊게 심어 성장에 따라 작은 잎은 증토 시 묻히게 하는 것이 좋다. 정식 후에는 국화가 왕성하게 잘 자라도록 충분히 추비를 해주고, 액비도 시비하여 굵은 줄기에 화분을 완전히 덮어 가릴 정도의 큰 잎이 되도록 키우는 것이 중요하다.

- **B-9의 살포** : 정식 후 5일 정도 지나면 B-9을 250~300배로 타서 살포한다. B-9의 성장억제 효과는 25일 정도 유지되므로 25일 간격으로 꽃봉오리가 나올 때까지 250~300배로 타서 살포한다. 꽃봉오리가 나온 이후에는 꽃봉오리에는 닿지 않게 해야 하므로, 꽃 목이 늘어나는 것을 억제하기 위해서는 B-9 용액을 붓에 묻혀서 꽃 목에 칠해준다.

• 추비 : 5호 화분 정식 후, 5일 정도 지나 화분 언저리 3곳에 건조비료를 시비
한 후, 20일 간격으로 추비 한다. 즉, 8월 5일, 8월 25일에 추비 한다. 관국의
시비량은 후국의 1/2~1/3 정도가 적당하다. 9월 10일부터 10일 간격으로 희
석한 인산(P)과 칼슘(K) 액비를 2~3회 준다.

옆 순 제거

8월 중순을 지나면 옆 순이 무척 많이 나오는데, 가능한 작을 때 보이
는 대로 제거하는 것이 좋다. 가장 조심해야 할 것은 화분이 작으므로,
하루라도 물을 주지 않으면 말라 죽는 수가 있으므로, 아침 물 줄 때 빠
뜨리는 화분이 없도록 주의한다.

차광

신장을 40cm 이하로 억제하기 위해 성장억제제를 강하게 사용하기
때문에 성장이 억제되어 개화도 그만큼 늦어진다. 늦어지는 개화를 앞
당기기 위해 차광을 해야 한다. 차광은 8월 13일부터 9월 5일까지 실시
한다.

적뢰

적뢰 방법은 3간작과 같은 방법으로 한다. 차이가 있다면 후국 계통이
나 관국이나 모두 심뢰를 피우므로 심뢰 이외의 다른 꽃봉오리는 모두
제거한다는 점이다.
꽃받침 부착도 3간작과 같은 방법으로 한다.

복조 재배에 적합한 품종

달마작처럼 단간종이 적합하나, 선택의 제한이 크므로 중단간종 이하의 품종을 위주로 개화가 빠르고 성장억제 효과가 잘 나타나는 품종이면 된다.

복조작 품종

후국 계통					관국 계통				
품종	계통	꽃색	성장	개화	품종	계통	꽃색	성장	개화
국화吉兆	후국	황	장간	빠름	천향明星	세관	황	단간	빠름
국화愛	후국	적	장간	중간	천향저편	중관	적	단간	중간
안의 紫舟	후국	적	장간	빠름	국화瀨音	중관	적은	단간	중간
정흥右近	후국	황	장간	중간	천향八十波	태관	백	단간	빠름
부사의 新雪	후국	백	장간	중간	천향大和路	태관	적	단간	빠름
국화越山	후국	백	중간	중간	천향赤龍	태관	적	중간	빠름
국화金山	후국	황	중간	중간	국화花百合	세관	핑크	단간	빠름
국화幸	후주국	적	중간	빠름	천향長江	태관	백	단간	중간
국화最勝	후주국	백	단간	빠름	청견 霞	중관	백	중간	빠름
국화信	후국	백	단간	빠름	국화慕情	태관	적은	중간	빠름
국화茜雲	후국	황	중간	빠름	국화狹霧	세관	백	중간	빠름
국화萬舞	후주국	백	중간	중간	천향令月	세관	백	중간	빠름
국화富士	후주국	백	중간	중간	안의 무지개	중관	핑크	중간	빠름
국화彌生	후주국	황	중간	빠름	천향誓詞	태관	백	중간	빠름
국화白金	후국	백	중간	빠름	천향富水	중관	황	단간	중간
정흥大臣	후국	황	단간	중간	천향竹生島	중관	핑크	중간	중간
국화帝都	후국	백	단간	중간	천향漫遊	중관	적은	중간	중간
국화國寶	후국	백	중간	중간	천향紅姿	태관	적	중간	빠름
국화由季	후주국	핑크	중간	빠름	안의 六歌	중관	적	중간	중간

분상 7간작

대국 분상 7간작은 단정한 용모를 중시하는 분상 3간작과는 달리, 대국의 호화스러움을 잘 나타내는 재배기법이다. 따라서 분상 7간작을 재배할 때의 첫 번째 조건은 거대한 꽃을 피우는 적절한 품종을 선택하는 것이다.

재배기법의 포인트

삽수, 가식, 적심, 정식 등은 분상 3간작 재배법과 같으며, 적심을 2번 한다는 점과 꽃의 배치에서 차이가 있을 뿐이다. 첫 번째 적심으로 4개의 옆 가지를 만들고 두 번째 적심으로 8개 가지를 만든다. 그중 7가지를 키워서 꽃을 피우므로 단간(短幹)·중간(中幹)보다는 장간(長幹) 품종이 적합하며, 비료를 충분히 시비하면서 관리해야 한다.

삽수 시기 : 후국, 관국 모두 4월 25일경에 삽수해서, 5월 16일경에 5호 화분에 가식하는 것이 일반적이다.

가지 수가 많은 만큼 3간작보다 비료량을 20% 정도 늘린다.

제6장

저자
추억 모음

아파트 단지 빈터에서
주민들과 재배한 대국으로 개최한 전시회

▲ 비닐하우스와 전시장은 주민들과의 대화 장소가 되었으며, 가족들에게는 놀이터가 되었다.

국화에 눈을 뜨게 한 吉田武雄 名人과의 만남과
히비야공원 일본국화협회 관동지구대회
경기화(國華國寶) 준우승작

기억나는 입상작들

스승인 吉田武雄 名人의 꽃 고치는 모습

千葉 聖光園을 방문하여 込谷真佐雄 원장과 함께

10회에 걸친 동양국화대전

◆「제2회 동양 국화대전」성황

지난달 18일 시작돼 지난 13일까지 동양대학교 특설 전시장에서 개최된 이번 행사는 동양
대학교 원예동아리(회장 박동기 통신공학부2)가 주최 했으며 「분상대국3대 키우기」등
1,000여점의 작품이 전시돼 호평을 받았다.　　　　　　　　　　　〈김동현 / 기자〉

제4회
동양국화대전 만개식 · 전통다회

초 청 장

일시 : 2001년 11월 3일 (토) 14:00
장소 : 동양대학교 잔디광장
주최 : 동양대학교
주관 : 한국전통문화연구소
후원 : 경상북도, 영주시, (사)전통예절진흥회

초대 작품전　동양대학교 고승태 교수

원예부원, 화공과 교수 그리고 오랜 친구

Q & A

1. 전조(電照) 처리는 왜 하는가요?

자연 노지(露地)가 아닌 온실 등의 시설에서 모주(母株)를 관리하면, 야간에 온도가 내려가지 않고, 낮이 짧아지기 때문에 4, 5월에 꽃순 분화가 일어나 버늘눈이 오면서 꽃봉오리가 발생하여 삽순을 받아내지 못 하는 일이 생기는데, 이런 현상은 낮을 길게 해줌으로써 방지할 수 있다. 또한, 국화의 개화를 지연시킬 때도 사용하는데, 전조 처리한 날짜만큼 개화가 늦어진다. 낮을 길게(밤을 짧게) 해주는 일반적인 방법이 밤 11시나 12시부터 2~3시간 정도 전구를 켜주는 것인데, 이를 전조 처리라고 한다. 밝기는 신문을 읽을 수 있을 정도면 된다.

2. 성장촉진제(지베르린)는 어떻게 처리하나요?

성장을 촉진할 때 사용하는데, 대국 재배에서는 다간작 특히 3간작이나 7간작에서 각 줄기의 신장이 맞지 않을 때 사용한다. 가급적 1,200배 정도의 묽은 농도로 살포하고, 한번 살포하면 며칠간 계속해서 신장이 길어지므로 일단 살포했으면, 열흘 정도 기다려서 신장이 늘어난 것

을 확인하고 추가 살포를 결정해야 한다. 조급하게 고농도로 거듭 살포(또는 붓으로 칠함)하다 보면, 신장 조절에 대부분 실패하므로 주의해야 한다. 성장억제제인 B-9 살포 때와 마찬가지로 저녁에 살포하는 것이 효과적이다.

3. 3간작 재배에 있어 스트레이트 재배법과 핀치 재배법 중 어느 쪽이 유리한가요?

스트레이트 재배법은 묘목을 5호 화분에 가식하고 적심한 후, 본 화분에 정식하여 그대로 재배하는 방법이고, 이에 비해 핀치 재배법은 정식 후에 천지인을 다시 적심하여 성장을 한 박자 늦춘 후, 적심 후에 나온 옆 가지를 세워서 키우는 방법이다. 버들눈은 품종에 따라 정해진 잎 수가 되면 생기는데, 핀치를 해서 키우면 그 잎 수를 넘어도 버들눈이 오지 않게 할 수가 있다. 이렇게 하여 잎의 수를 늘린 것만큼 영양을 저장할 수 있어 국화를 크게 키울 수 있기에 이 재배 방법을 채택하는 재배자들이 적지 않다.

핀치 재배는 스트레이트 재배보다 15일 이상 일찍 삽수한다.

4. 세파레이터 사용해야 하나요?

세파레이터(Separator)는 비교적 빨리 정식하는 3간작과 7간작 및 다간 대작 화분에 뿌리가 꽉 차서 뿌리가 자라지 못하게 되는 것을 방지하기 위하여 사용하는 것이다.

사용법은 정식할 때, 정식 화분에 세파레이터를 설치하며 국화를 심어, 세파레이터 볼륨만큼 공간을 확보해 두었다가 후일 뿌리가 꽉 찼을 때, 세파레이터를 빼고 그 자리에 배양토를 새로 채워 넣어 뿌리가 더 자랄 수 있는 공간을 제공함으로써 국화에 활력을 주는 기법이다.

전용 제품도 있으나, 빈 병 또는 발포 스티로폼 등을 활용하여 간단히 설치할 수 있는데, 통기성 확보에도 도움을 주기 때문에 몇백 송이를 피우는 다간 대작용 대형 나무 화분에는 대부분 사용한다.

찾아보기